例題 35 + 演習問題 65 で **しっかり学ぶ**

Word/Excel/PowerPoint 標準テキスト

[Windows 10 対応版 / Office 2016]

定平誠 著

技術評論社

ご注意
ご購入・ご利用の前に必ずお読みください

■**本書の内容について**

　本書に記載された内容は、情報の提供のみを目的としています。したがって、本書を用いた運用は、必ずお客様自身の責任と判断によって行ってください。これらの情報の運用の結果について、技術評論社および著者はいかなる責任も負いません。

　本書記載の情報は、2016年3月31日現在のものを掲載しておりますので、ご利用時には変更されている場合もあります。
　本書は、Microsoft Office 2016に対応しています。また、本書の説明画面は、Microsoft Windows 10とOffice 2016で作成しています。

■**ソフトウェアのバージョン番号をご確認ください**

　ソフトウェアは、バージョンアップされる場合があり、本書での説明とは機能内容や画面図などが異なってしまうこともあり得ます。本書ご購入の前に、必ずご使用になっているソフトウェアのバージョン番号をご確認ください。

　以上の注意事項をご承諾いただいた上で、本書をご利用願います。これらの注意事項をお読みいただかずにお問い合わせいただいても、技術評論社および著者は対処しかねますので、あらかじめご承知おきください。

サンプルファイルについて

　本書の学習で(「例題」や「やってみよう」)必要だと思われるサンプルファイルや画像ファイルは、下記よりダウンロードしてお使いいただけます。

　　　　https://gihyo.jp/book/2016/978-4-7741-8123-3/support

　本書で提供するサンプルファイルは本書の購入者に限り、個人、法人を問わず無料で使用できますが、再転載や二次使用は禁止致します。
　サンプルファイルの使用は、必ずお客様自身の責任と判断によって行ってください。サンプルファイルを使用した結果生じたいかなる直接的・間接的損害も、技術評論社、著者、プログラムの開発者およびサンプルファイルの制作に関わったすべての個人と企業は、いっさいその責任を負いかねます。

● Microsoft Windows、Officeおよびその他本文中に記載されているソフトウェア製品の名称は、すべて関係各社の各国における商標または登録商標です。

はじめに

　本書は、Windows10/Word 2016／Excel 2016／PowerPoint 2016の基本的な操作方法および利用方法に留まらず、文書や表、そしてスライドのデザイン能力およびレイアウト能力、実践的な編集能力を高めることができるように工夫した学習書です。

　現在、Windows10/Word 2016／Excel 2016／PowerPoint 2016の関連書籍は、基本操作を学習するだけでも、それぞれ別に数冊購入せざるを得ません。また、これらの図書を購入したとしても解説内容が多岐にわたり（さほど利用しない機能の解説が多すぎる）、特に初心者には、その膨大な量の解説を本当に覚えなければいけないものかと戸惑いさえ感じます。

　その点、本書は、文書や表の紙面デザインとレイアウト、スライドによるビジュアル表現、そしてデータ管理を習得するとともに、コンピューターを活用したデザインと表現力を向上させるためのノウハウを初心者でも効率的に短時間でわかるように、平易かつコンパクトに1冊にまとめあげています。

　本書の特徴は次のような点にあります。
① 「Windows 10をマスターしよう」、「Word 2016をマスターしよう」、「Excel 2016をマスターしよう」の「PowerPoint 2016をマスターしよう」の4部構成になっている。
② 「例題35」によって、操作機能だけでなく、ステップを踏むことでデザインや表現力が向上できる。
③ 「演習問題65」によって、例題内容の理解を確認することができる。
④ 操作手順は図解の中に見やすく解説してあるので、わかりやすい。
⑤ 例題が実務的な内容になっているので、その学習能力がすぐに役立つ。

　本書は、Windows10/Word 2016／Excel 2016／PowerPoint 2016の実践的なデザインと表現方法をわかりやすく解説したものです。したがって、高等学校、専門学校から大学までの教科書、さらにはパソコン関連の仕事に従事する方々の副読本としても最適です。

　本書がWindows10/Word 2016／Excel 2016／PowerPoint 2016を利用される読者に有効に活用されることを願っています。

2016年1月　　定平　誠

目次

PART 1 ▶ Windows10をマスターしよう　11

Chapter1　Windows10を操作しよう　12

Lesson1　Windows10の新機能を操作しよう　12
1　Windows10の新機能を知る　12
　・スタートメニューの復活　12
　・仮想デスクトップ機能　13
　・アクションセンター　13
　・検索機能　14
　・新Webブラウザー「Microsoft Edge」　14
　・ユニバーサルWindowsアプリ　15
2　タッチインタフェースを操作する　16
3　スタートメニューを表示する　18
4　アクションセンターを活用する　19
　・Windows10の各種設定　19
　・モードを切り替える　20
5　検索機能を活用する　21
　・アプリを検索する　21
　・フォルダーやファイルを検索する　22
　・Web検索をする　23
6　Microsoft Edgeを活用する　24
　・Microsoft Edgeを起動する　24
　・Webノートを作成する　25
　・読み取りビュー表示にする　26
7　仮想デスクトップを活用する　27
　・仮想デスクトップを作成する　27
　・アプリを他のデスクトップに移動する　28

Lesson2　デスクトップ画面を操作しよう　30
1　アプリのショートカットを作成する　30
2　タスクバーにアプリをピン留めする　31

Chapter2　Windows10を管理しよう　33

Lesson1　フォルダーを管理しよう　33
1　フォルダー名を変更する　33
2　新しいフォルダーを作成する　34

Lesson2　ファイルを管理しよう　35
1　ファイルの拡張子を表示する　35
2　ファイルを圧縮／展開する　36
　・ファイルを圧縮する　36
　・ファイルを展開する　36

Lesson3　OneDriveを活用しよう　37
1　PCからOneDriveを起動する　37
2　ブラウザーからOneDriveを起動する　40
3　フォルダーやファイルを共有する　42

CONTENTS

PART 2 ▶ Word 2016をマスターしよう　43

| Chapter1 | 文書を作成しよう ・・ 44 |

Lesson1　基本的な文書を作ろう ・・・・・・・・・・・・・・・・・・・・・・・・・・・・・・・ 44

例題 01
- 文章を入力しよう ・・ 44
- 1 Word 2016を起動する ・・・・・・・・・・・・・・・・・・・・・・・・・・・・・・・・・・ 45
- 2 画面の名称と機能を知る ・・・・・・・・・・・・・・・・・・・・・・・・・・・・・・・・ 47
- 3 ページレイアウトを設定する ・・・・・・・・・・・・・・・・・・・・・・・・・・・・ 48
- 4 文章を入力する ・・ 49
- 5 表示倍率を変更する ・・・・・・・・・・・・・・・・・・・・・・・・・・・・・・・・・・・・・ 50
- 6 文書を保存する ・・ 51
- 7 PDF形式で保存する ・・・・・・・・・・・・・・・・・・・・・・・・・・・・・・・・・・・・・ 52
- 8 OneDriveに保存する ・・・・・・・・・・・・・・・・・・・・・・・・・・・・・・・・・・・・ 53
- やってみよう!　①・②・③ ・・・・・・・・・・・・・・・・・・・・・・・・・・・・・・・・・・・・・・ 55

| Chapter2 | フォントや書式を設定しよう ・・・・・・・・・・・・・・・・・・・・・・・・・・・・・・・・・ 56 |

Lesson1　文字をデザインしよう ・・・・・・・・・・・・・・・・・・・・・・・・・・・・・・・・ 56

例題 02
- 案内状を作ろう ・・ 56
- 1 フォントサイズを変更する ・・・・・・・・・・・・・・・・・・・・・・・・・・・・・・・ 57
- 2 フォントを変更する ・・・・・・・・・・・・・・・・・・・・・・・・・・・・・・・・・・・・・ 59
- 3 フォントカラーを変更する ・・・・・・・・・・・・・・・・・・・・・・・・・・・・・・ 61
- 4 フォントスタイルを変更する ・・・・・・・・・・・・・・・・・・・・・・・・・・・・ 63
- 5 文字列の配置を変更する ・・・・・・・・・・・・・・・・・・・・・・・・・・・・・・・ 64
- 6 文字に下線を引く ・・・・・・・・・・・・・・・・・・・・・・・・・・・・・・・・・・・・・・・ 65
- 7 網かけを付ける ・・ 66
- 8 箇条書き／段落番号を付ける ・・・・・・・・・・・・・・・・・・・・・・・・・・ 68
- 9 影を付ける ・・・ 70
- 10 光彩を付ける ・・・ 71
- 11 行間を設定する ・・ 72
- 12 ハイパーリンクの設定を解除する ・・・・・・・・・・・・・・・・・・・・・・ 74
- やってみよう!　④・⑤ ・・ 75

Lesson2　文書を印刷しよう ・・・・・・・・・・・・・・・・・・・・・・・・・・・・・・・・・・・・・ 76
- 1 印刷プレビューを表示する ・・・・・・・・・・・・・・・・・・・・・・・・・・・・・・ 76
- 2 印刷を実行する ・・ 77
- 3 印刷の詳細設定をする ・・・・・・・・・・・・・・・・・・・・・・・・・・・・・・・・・ 78

| Chapter3 | ビジュアル要素を設定しよう ・・・・・・・・・・・・・・・・・・・・・・・・・・・・・・・・・ 79 |

Lesson1　文書のイメージアップを図ろう ・・・・・・・・・・・・・・・・・・・・・・ 79

例題 03
- チラシを作ろう ・・ 79
- 1 基本デザインをする ・・・・・・・・・・・・・・・・・・・・・・・・・・・・・・・・・・・・・ 80
- 2 罫線で行全体をデザインする ・・・・・・・・・・・・・・・・・・・・・・・・・・ 81
- 3 余白を設定する ・・ 84
- 4 テキストボックスで文字をデザインする ・・・・・・・・・・・・・・・ 86
- 5 Smart Artでデザインをする ・・・・・・・・・・・・・・・・・・・・・・・・・・・・ 89
- 6 画像を挿入する ・・ 94
- 7 画像を編集する ・・ 96

目次

	やってみよう！ ⑥・⑦	100

Lesson2　可視性の高いデザインをしよう　101
例題 04
- ポスターを作ろう　101
  1. 印刷の向きを横にする　102
  2. 基本デザインをする　103
  3. テキストボックスでレイアウトする　104
  4. 均等割り付けをする　107
  5. 割注を設定する　108
  6. 図形を挿入する　109
  7. テキストボックスのスタイルを変更する　119
  8. モニターの画像を文書内に貼り付ける　120
  - やってみよう！ ⑧　122
  - やってみよう！ ⑨・⑩　123

Chapter4　レイアウトを設定しよう　124

Lesson1　段組みを使ってレイアウトしよう　124
例題 05
- リーフレットを作ろう　124
  1. 基本デザインをする　125
  2. 段組みを設定する　127
  3. ヘッダーとフッターを付ける　129
  - やってみよう！ ⑪・⑫　131

Lesson2　縦書きのレイアウトをしよう　132
例題 06
- 縦書き2段組みレイアウトを作ろう　132
  1. 基本デザインをする　133
  2. 文字を縦書き2段組みにする　133
  3. ドロップキャップを付ける　135
  4. 横向きになった半角文字を縦向きにする　136

Lesson3　余白を使ってレイアウトしよう　137
例題 07
- 余白を使った3段レイアウトを作ろう　137
  1. 余白を使ったレイアウト構成を作る　138
  2. 余白にレイアウトする　139

Lesson4　表を作成しよう　141
例題 08
- 表を挿入しよう　141
  1. 表を作成する　142
  2. 行と列を挿入する　145
  3. セルを分割／結合する　146
  4. 表をテキストボックス化する　148
  - やってみよう！ ⑬　150

Chapter5　カードをデザインしよう　151

Lesson1　はがきをデザインしよう　151
例題 09
- 招待状を作ろう　151
  1. はがきサイズにページを設定する　152
  2. あいさつ文を自動入力する　153
  3. 画像を透かし絵にする　154
  - やってみよう！ ⑭・⑮　155

CONTENTS

| Chapter6 | ラベルを作成しよう | 156 |

Lesson1 名刺をデザインしよう … 156
例題 10
- 名刺をデザインしよう … 156
- 1 名刺のラベルを作る … 157
- 2 名刺をデザインする … 158
- やってみよう! ⑯・⑰ … 160

PART 3 ▶ Excel 2016をマスターしよう　161

| Chapter1 | 表を作成しよう | 162 |

Lesson1 データを入力しよう … 162
例題 11
- 表を作ろう … 162
- 1 Excel 2016を起動する … 163
- 2 画面の名称と機能を知る … 165
- 3 データを入力する … 166
- 4 セルの幅を変更する … 167
- 5 セルの高さを変更する … 168
- 6 数値の表示形式を変更する … 169
- 7 日付を表示する … 170
- 8 名前を付けて保存をする … 171
- やってみよう! ⑱・⑲ … 172

Lesson2 表を編集しよう … 173
例題 12
- 表を編集しよう … 173
- 1 連続したデータを自動入力する … 174
- 2 文字列の配置・サイズを変更する … 175
- 3 セルを挿入する … 176
- 4 セルを結合する … 177
- やってみよう! ⑳・㉑ … 179

| Chapter2 | 表をデザインしよう | 180 |

Lesson1 表をデザインしよう … 180
例題 13
- 表をデザインしよう … 180
- 1 罫線を引く … 181
- 2 罫線に色を付ける … 184
- 3 セルに色を付ける … 185
- 4 表の形式を選択して貼り付ける … 187
- 5 表を図にしてコピーする … 188
- やってみよう! ㉒・㉓ … 189

Lesson2 表を印刷しよう … 190
例題 14
- 印刷設定をして印刷しよう … 190
- 1 印刷プレビューを表示する … 190
- 2 印刷設定をする … 191
- やってみよう! ㉔・㉕ … 192

目次

Chapter3　表計算をしよう ……………………………………… 193

Lesson1　計算式を設定しよう ……………………………………… 193
例題 15
計算式を設定しよう ……………………………………… 193
1. 数式を入力して計算をする ……………………………… 194
2. 計算式をコピーする …………………………………… 195
3. オートSUMで合計を求める …………………………… 196
やってみよう! ㉖・㉗ ………………………………… 197

Lesson2　関数を設定しよう ………………………………………… 198
例題 16
関数を設定しよう ………………………………………… 198
1. データ数をカウントする ………………………………… 199
2. 平均値を求める …………………………………………… 200
3. 最大値・最小値を求める ………………………………… 201

Lesson3　データに条件を設定しよう …………………………… 202
例題 17
目的のデータを分かりやすく表示しよう ……………… 202
1. 条件付き書式の設定をする ……………………………… 203
2. IF関数の条件設定をする ………………………………… 204
やってみよう! ㉘・㉙ ………………………………… 207

Chapter4　グラフを作成しよう ……………………………… 208

Lesson1　集計表を作成しよう …………………………………… 208
例題 18
売上実績表を作ろう ……………………………………… 208
1. 行と列の合計を同時に求める …………………………… 209
2. 絶対参照を使う …………………………………………… 210
やってみよう! ㉚・㉛ ………………………………… 212

Lesson2　グラフを作成しよう …………………………………… 213
例題 19
表のデータからグラフを作ろう ………………………… 213
1. グラフを作成する ………………………………………… 214
2. グラフの種類を変更する ………………………………… 216
3. 複合グラフを作成する …………………………………… 218
やってみよう! ㉜・㉝ ………………………………… 219

Lesson3　グラフをデザインレイアウトしよう ………………… 220
例題 20
グラフをデザインしよう ………………………………… 220
1. 目盛りの単位を変更する ………………………………… 221
2. グラフに軸ラベルを付ける ……………………………… 222
3. グラフのスタイルと色を変更する ……………………… 223
やってみよう! ㉞・㉟ ………………………………… 224

Lesson4　グラフを印刷しよう …………………………………… 225
例題 21
グラフを印刷しよう ……………………………………… 225
1. グラフだけを印刷する …………………………………… 226
2. グラフと表をまとめて1枚に印刷する ………………… 226
3. 印刷範囲を指定する ……………………………………… 228

Chapter5　データベースを作成しよう …………………… 229

Lesson1　データを並べ替えよう ………………………………… 229
例題 22
データを並べ替えよう …………………………………… 229
1. データベースの構造を知る ……………………………… 230
2. データを並べ替える ……………………………………… 231

CONTENTS

	やってみよう! ㊱・㊲	233
Lesson2 例題 23	**データを検索しよう**	**234**
	目的のデータを探そう	234
	1 データを検索する	235
	2 データを抽出する	236
	やってみよう! ㊳・㊴	239

Chapter6	**データを分析しよう**	**240**
Lesson1 例題 24	**予測シートを作成しよう**	**240**
	将来の売上高を予測しよう	240
	1 予測シートを作成する	241
	やってみよう! ㊵	243
Lesson2 例題 25	**相関を求めよう**	**244**
	成績と実力の相関関係を調べよう	244
	1 分析ツールを追加する	245
	2 相関を求める	246
	やってみよう! ㊶・㊷	248

PART 4 ▶ PowerPoint 2016をマスターしよう 249

Chapter1	**スライドを作成しよう**	**250**
Lesson1 例題 26	**スライドを作成しよう**	**250**
	スライドを作ろう	250
	1 PowerPoint 2016を起動する	251
	2 画面の名称と機能を知る	253
	3 スライドに文字を入力する	254
	4 スライドを追加する	255
	5 スライドを保存する	256
	やってみよう! ㊸・㊹	257
Lesson2 例題 27	**スライドをデザインしよう**	**258**
	スライドをデザインしよう	258
	1 スライドにデザインを適用する	259
	2 スライドのデザインを変更する	260
	3 スライドのバリエーションを変更する	261
	やってみよう! ㊺・㊻・㊼	262
Lesson3 例題 28	**スライドを編集しよう**	**263**
	スライドを編集しよう	263
	1 行間の幅を変更する	264
	2 スライド一覧モードに切り替える	265
	やってみよう! ㊽・㊾・㊿	266

目次 | CONTENTS

Chapter2 | ビジュアル要素を設定しよう … 267

Lesson1 Smart Artを挿入しよう … 267
例題 29
Smart Artを使ってスライドをデザインしよう … 267
1 本文のテキストをSmart Artに変換する … 268
2 Smart Artのスタイルを変更する … 269
3 Smart Artを図形に変換する … 270
やってみよう! 51・52 … 271

Lesson2 スライドの表現力を高めよう … 272
例題 30
図やホームページを使って表現力を高めよう … 272
1 画像を図にして貼り付ける … 273
2 Excelのグラフを図にして貼り付ける … 275
3 ハイパーリンクを貼り付ける … 276
4 スライドショーを実行する … 279
やってみよう! 53・54 … 281

Lesson3 ビデオを挿入しよう … 282
例題 31
ビデオを挿入しよう … 282
1 ビデオを挿入する … 283
2 ビデオを再生する … 285
3 ビデオの表紙画面を挿入する … 286
やってみよう! 55・56 … 287

Lesson4 アニメーション効果をつけよう … 288
例題 32
アニメーション効果をつけよう … 288
1 画面の切り替え効果を設定する … 289
2 オブジェクトごとにアニメーションを設定する … 291
3 アニメーションのタイミングを設定する … 292
やってみよう! 57・58・59 … 294

Chapter3 | プレゼンテーションをしよう … 295

Lesson1 プレゼンテーション資料を作成しよう … 295
例題 33
発表資料を作ろう … 295
1 スライドを印刷する … 296
2 PDF形式で保存する … 298
やってみよう! 60・61 … 299

Lesson2 プレゼンテーションを演出しよう … 300
例題 34
プレゼンテーションを演出しよう … 300
1 スライドを拡大表示する … 301
2 スライドの一覧を表示する … 303
3 レーザーポインターを使う … 304
4 発表者ツールを使う … 305
やってみよう! 62・63 … 307

Lesson3 オンラインプレゼンテーションをしよう … 308
例題 35
プレゼンテーションを共有しよう … 308
1 オンラインプレゼンテーションをする … 309
2 スマートフォンでプレゼンテーションをする … 313
やってみよう! 64・65 … 317

解答編 … 319
索引 … 331

PART 1

Windows10を
マスターしよう

▶▶ **Chapter 1**　**Windows10を操作しよう**

▶▶ **Chapter 2**　**Windows10を管理しよう**

Lesson 1 Windows10の新機能を操作しよう

学習のポイント
- Windows10の新機能を確認し、進化したインタフェースについて学びます。
- Windows10の基本操作を学びます。

1 ▶▶ Windows10の新機能を知る

●スタートメニューの復活

スタートボタンをクリックすると、スタートメニューが表示されます。スタートメニューが復活したことで、インタフェースが向上し、アプリの検索や起動がスムーズに行えるようになりました。

Windows8で排除された「スタートメニュー」がWindows10で復活しました。

PART 1　Chapter1　Windows10 を操作しよう

● 仮想デスクトップ機能

　複数のデスクトップ画面を作ることができるようになりました。これにより、アプリごとにデスクトップを切り替えて使えるようになりました。

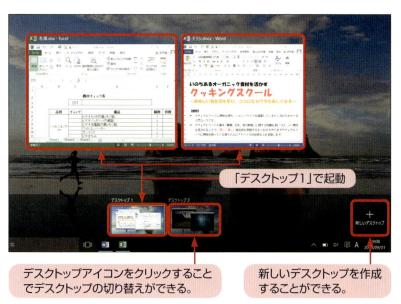

「デスクトップ1」で起動

デスクトップアイコンをクリックすることでデスクトップの切り替えができる。

新しいデスクトップを作成することができる。

● アクションセンター

　画面を右からスワイプすると、アクションセンターが表示され、アップデートや警告などのユーザーへの通知や呼び出しボタンで、Windows10の様々な機能への設定を行うことができます。

ユーザーへの通知領域

よく使う機能の呼び出しボタン

Windows10の各種設定は、アクションセンターの[すべての設定]で起動する設定画面から行います。

● 検索機能

　Bingと連動したWeb検索機能が装備されているほか、デジタルアシスタント機能のCortana（コルタナ）によって、音声検索ができるようになりました。

Cortanaは、英語、ドイツ語、フランス語の音声検索ができます。日本語にも対応予定です。

● 新Webブラウザー「Microsoft Edge」

　従来の標準Webブラウザーの「Internet Explorer」（IE）から新たにHTML5に完全対応した新Webブラウザーの「Microsoft Edge」が標準装備されました。

　この新ブラウザーでは、Web画面上にメモやコメントなどを書き込むこともできます。

▼ 新Webブラウザー 「Microsoft Edge」

PART1　Chapter1　Windows10を操作しよう

●ユニバーサルWindowsアプリ（UWP）

　この機能を使ってアプリを開発することで、パソコンやスマートフォン、タブレット、Xbox oneなどのそれぞれの環境で自動的に動作するようになりました。

　それぞれのウインドウのサイズに合わせて、レイアウトや表示項目などが切り替わります。

この機能は、Windows8から導入されましたが、Windows10で開発がこれまでよりも簡単になりました。

2 ▶▶ タッチインタフェースを操作する

◆ タップ
画面に1回タッチする動作です（マウス操作での左クリックに相当します）。

注意
タッチ操作には対応ディスプレイが必要
Windows 10を入れても、ディスプレイがマルチタッチ対応でないとタッチ操作はできません。キーボードとマウスの操作になります。Windows 10にアップデートした場合、ディスプレイが対応していない場合が多いので、タッチ操作がきかない場合は、確認してください。

◆ ダブルタップ
画面に素早く2回タッチする動作です（マウス操作でのダブルクリックに相当します）。

◆ スライド
画面にタッチしたまま、画面をなぞる動作です（マウス操作でのスクロールに相当します）。

◆ スワイプ
画面をタッチし、指で弾くようになぞる動作です。

用語
エッジスワイプ
画面の端から画面中央方向にスワイプすることをいいます。

PART 1　Chapter1　Windows10を操作しよう

◆ピンチ（ピンチイン）
2本の指で画面に触れ、指の距離を近づける動作です。
対象を縮小したい場合に用いられます。

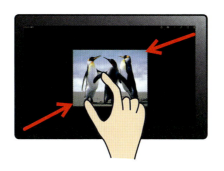

タッチペンを使って操作する
Windows 10搭載のノートPC、タブレットでタッチ操作をする際に、ディスプレイ画面のサイズが小さく、指で操作しづらい場合は、タッチペンを使うと便利です。

◆ストレッチ
　（ピンチアウト）
2本の指で画面に触れ、指の距離を遠ざける動作です。
対象を拡大したい場合に用いられます。

◆回転
2本の指で画面に触れ、回転させる動作です。
対象を回転させたい場合に用いられます。
この操作に対応しているアプリや項目は限られています。

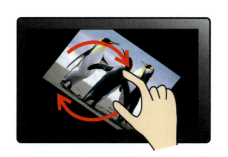

◆長押し（ロングタップ）
アイコンやボタンなどに少し長めに触れる動作です。
（マウス操作での右クリックに相当します）。

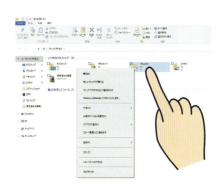

17

3 ▶▶ スタートメニューを表示する

　Windows8で排除された「スタートメニュー」がWindows10で復活しました。スタートボタンをクリックすると、スタートメニューとスタート画面が表示されます。

スタートメニューはアプリの表示だけでなく、エクスプローラーや設定、電源も表示します。

2 スタートメニューとスタート画面が表示されます。

3 ［すべてのアプリ］をクリックします。

1 スタートボタンをクリックします。

スタートメニューを閉じる
スタートメニューを閉じるには、再度スタートボタンをクリックします。

チェック

スタートメニューは、キーボードの⊞キーを押すことでも表示することができます。

4 アプリのリストが表示されます。

5 アルファベット文字をクリックします。

6 アプリのインデックスが表示されます。

PART1　Chapter1　Windows10を操作しよう

4 ▶▶ アクションセンターを活用する

アクションセンターの画面は、「ユーザーへの通知領域」と「よく使う機能のボタン」で構成されています。

ここでは、Windows10の各種設定とモードの切り替えを行います。

●Windows10の各種設定

Windows10の各種設定は、［パーソナル設定］画面を表示して行います。

1 通知領域の［アクションセンター］ボタンをクリックします。

2 ［すべての設定］ボタンをクリックします。

Windows8.1の［チャーム］がなくなり、［アクションセンター］に替わりました。

画面の右端からスワイプしても［アクションセンター］を開くことができます。

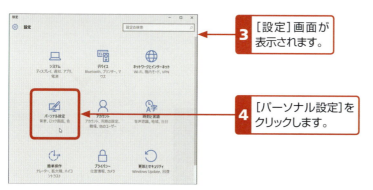

3 ［設定］画面が表示されます。

4 ［パーソナル設定］をクリックします。

これまでWindowsの各種設定は［コントロールパネル］で行っていましたが、Windows10では［アクションセンター］の［設定］から行うことができるようになりました。

5 ［パーソナル設定］画面が表示されます。

●モードを切り替える

　モードには、マウスやキーボード操作を主とするパソコン向けの「デスクトップモード」とタッチインタフェースを主とするタブレットやスマートフォン向けの「タブレットモード」の2つのモードがあります。

　モードの切り替えは、「タブレットモード」の「ON/OFF」を切り替えることで、「デスクトップモード」と「タブレットモード」を切り替えることができます。

キーボードが着脱できるタイプのノートパソコンなど、「タブレットモード」の「ON/OFF」を自動的に切り替えるパソコンもあります。

1 通知領域の[アクションセンター]ボタンをクリックします。

2 [タブレットモード]ボタンをクリックします。

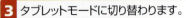

3 タブレットモードに切り替わります。

全画面モードで表示される。

タブレットモードは、すべてタッチインタフェースを前提とした全画面表示になります。

5 ▶▶ 検索機能を活用する

画面下部のタスクバーに検索ボックスが表示されます。

このボックスから、パソコン内部のアプリやファイル、フォルダー検索に加え、Bingと連動したWeb検索を行うことができるようになりました。

●アプリを検索する

検索ボックスを使って、アプリを検索します。

1 検索ボックスに探したいアプリ名(ここでは「ペイント」)を入力します。

2 表示された検索結果から、目的のアプリを選択します。

3 選択したアプリが起動します。

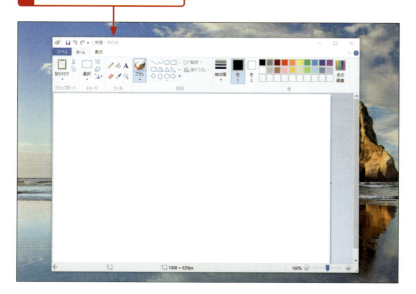

●フォルダーやファイルを検索する

検索ボックスを使って、フォルダーやファイルを検索します。

1 検索ボックスに探したいフォルダー名もしくはファイル名（ここでは「沖縄」）を入力します。

2 表示された検索結果から、目的のフォルダーもしくはファイルを選択します。

3 選択したフォルダーもしくはファイルが表示されます。

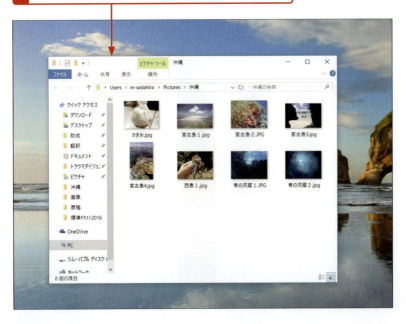

PART1 Chapter1 Windows10を操作しよう

●Web検索をする

検索ボックスを使って、Web検索します。

1 検索ボックスに探したいWebサイトのキーワード（ここでは「無料アプリ」）を入力します。

Windows10は、OS自身でネット検索機能を装備しています。

2 表示された検索結果から、目的のWebサイトを選択します。

3 選択したWebサイトが表示されます。

6 ▶▶ Microsoft Edgeを活用する

　Windows10から「Internet Explorer 11」に加えて、HTML5に対応した新Webブラウザー「Microsoft Edge」が搭載されています。

●Microsoft Edgeを起動する

　スタートボタンから［Microsoft Edge］を起動させ、「技術評論社」のキーワードで検索をしてみます。

1 スタートボタンをクリックします。

2 表示されたスタート画面から［Microsoft Edge］を選択します。

Microsoft Edgeは、タスクバーの e をクリックしても起動させることができます。

3 「Microsoft Edge」が起動します。

4 検索ボックスにアドレスやキーワード（ここでは「技術評論社」）を入力します。

5 検索結果から、目的のサイトを表示します。

Windows10にはInternet Explorer 11も搭載されていますので、切り替えることもできます。Internet Explorer 11は、Windowsアクセサリーまたは検索ボックスから呼び出して起動させることができます。

PART 1　Chapter1　Windows10を操作しよう

●Webノートを作成する

　Microsoft Edgeは、Web画面上にメモやコメントなどを書き込むことができます。

1 検索結果から、目的のサイトを表示します。

2 [Webノートの作成]ボタンをクリックします。

3 [ペン]をクリックします。

消しゴム

ページの1部を画像としてコピー

コメントの追加

4 [色]、[サイズ]を選択します。

5 コメントを書き込みます。

マウスでも入力できますが、ペン入力やタブレット入力すると、より文字をスムーズに入力することができます。

コメントの消去

書き込んだコメントを消去する場合には、[消しゴム]ボタンクリックしてから、消去したいコメントをクリックします。

●読み取りビュー表示にする

複雑にレイアウトされたWebページを簡略化して読みやすくする機能を「読み取りビュー」機能といいます。不要な情報を表示せず、読みたいWebページの記事だけを表示します。

「読み取りビュー」表示された文字は、視覚的に読みやすくデザインされた新しいフォントが使われています。ネット記事をじっくり読みたいときには、読み取りビュー表示することをおすすめします。

Webサイトによっては「読み取りビュー」機能を利用できないものもあります。

1 [読み取りビュー]ボタンをクリックします。

2 読み取りビュー表示に切り替わります。

7 ▶▶ 仮想デスクトップを活用する

複数のデスクトップ画面を作ることができます。

従来のように、1つのウィンドウに複数のアプリを表示させることなく、仮想デスクトップはアプリごとにデスクトップを開くことができるので作業がしやすくなります。

●仮想デスクトップを作成する

新たにデスクトップを追加し、複数のデスクトップを作成することができます。最初のデスクトップは「デスクトップ1」、新たに追加したデスクトップが「デスクトップ2」と表示されます。

タスクビュー
利用中のアプリをサムネールで一覧表示する機能をいいます。

1 タスクバーの[タスクビュー]ボタンをクリックします。

2 タスクビューが表示され、起動中のアプリがサムネイル表示になります。

3 画面右下の[新しいデスクトップ]をクリックします。

4 新たに追加したデスクトップが表示されます。

5 [デスクトップ2]をクリックします。

● アプリを他のデスクトップに移動する

それぞれ作成したデスクトップで起動しているアプリを他のデスクトップに移動させることができます。

PART 1 | Chapter1　Windows10を操作しよう

2 新たに[デスクトップ3]が作成され、アプリが移動します。

3 [デスクトップ3]のアプリを[デスクトップ2]へドラッグ&ドロップします。

4 [デスクトップ2]にアプリが移動します。

Lesson 2 デスクトップ画面を操作しよう

学習のポイント
- アプリを使いやすい環境にする方法を学びます。
- 利用頻度の高いアプリを、ショートカットやピン留めをして起動しやすくする方法を学びます。

1 ▶▶ アプリのショートカットを作成する

アプリのショートカットを作成します。ここで行う操作と同様の操作で、ファイルやフォルダーのショートカットも作成することができます。

用語

ショートカット
デスクトップ上に作成し、ダブルクリックすると起動します。よく使うアプリやファイル、フォルダーのショートカットアイコンを作成しておくと、デスクトップ上で簡単に起動できるので便利です。

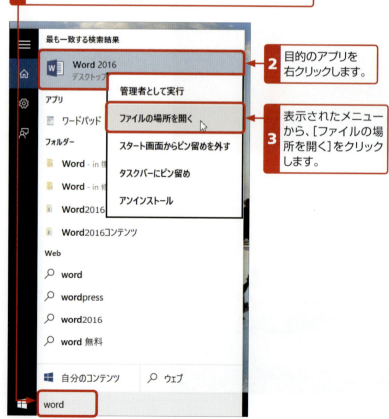

1. ツールバーの検索ボックスでショートカットを作成するアプリ（ここでは「Word」）を検索します。
2. 目的のアプリを右クリックします。
3. 表示されたメニューから、[ファイルの場所を開く]をクリックします。

PART 1　Chapter1　Windows10 を操作しよう

4 目的のアプリのあるフォルダが開きます。

5 目的のアプリ上で右クリックします。

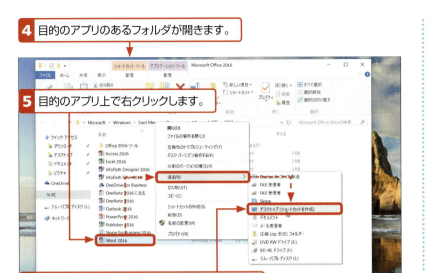

チェック

ショートカットの消去
消去するショートカットアイコンを選択し、Deleteキーを押します。

6 [送る]－[デスクトップ（ショートカットを作成）]の順にクリックします。

7 デスクトップにショートカットアイコンが作成されます。

8 作成したショートカットアイコンをダブルクリックするとアプリが起動します。

2 ▶▶ タスクバーにアプリをピン留めする

　タスクバーにアプリをピン留めして、常に表示できるようにすることができます。

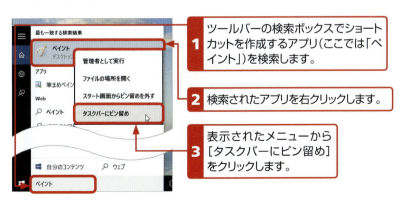

1 ツールバーの検索ボックスでショートカットを作成するアプリ（ここでは「ペイント」）を検索します。

2 検索されたアプリを右クリックします。

3 表示されたメニューから[タスクバーにピン留め]をクリックします。

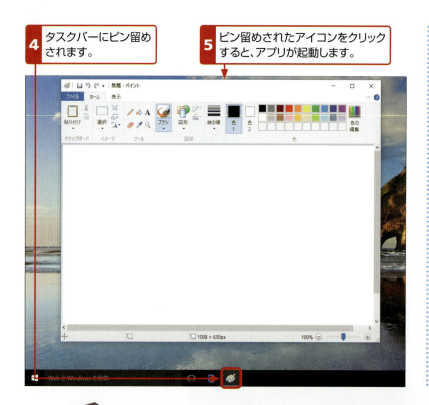

4 タスクバーにピン留めされます。

5 ピン留めされたアイコンをクリックすると、アプリが起動します。

ピン留めを外す
削除するショートカットアイコンを選択し、Deleteキーを押します。

参考 スタート画面にピン留めする

タスクバーだけではなく、スタートボタンをクリックして、スタートメニューを表示してから、次の方法でスタート画面にもアプリをピン留めすることができます。

1 ピン留めをしたアプリ(ここでは「Word 2016」)を右クリックします。

2 表示されたメニューから[スタート画面にピン留めする]をクリックします。

3 スタート画面にピン留めされます。

PART 1　Chapter2　Windows10を管理しよう

フォルダーを管理しよう

学習のポイント
- フォルダーの管理の方法を学びます。
- フォルダーを分類、整理して使いやすい環境を作る方法について学びます。

1 ▶▶ フォルダー名を変更する

　ここでは、「プレゼン」というフォルダーの名前を「講演資料」という名前のフォルダーに変更します。「ドキュメント」フォルダーを開いた状態から解説します。

1 名前を変更したいフォルダーをクリックします。

ファイル名の変更
フォルダーの名前の変更と同様の操作で、ファイルの名前も変更できます。

2 [ホーム]タブをクリックします。
3 [名前の変更]をクリックします。

右クリックで名前の変更
変更したいフォルダー上で右クリックし、表示されたメニューから[名前の変更]を選択する方法もあります。

4 新しい名前を入力してEnterキーを押します。

5 新しい名前に変更されます。

2 ▶▶ 新しいフォルダーを作成する

　ここでは、[ドキュメント]フォルダーに「授業資料」という名前のフォルダーを新規に作ります。「ドキュメント」フォルダーを開いた状態から解説します。

1 [ホーム]タブをクリックします。
2 [新しいフォルダー]をクリックします。

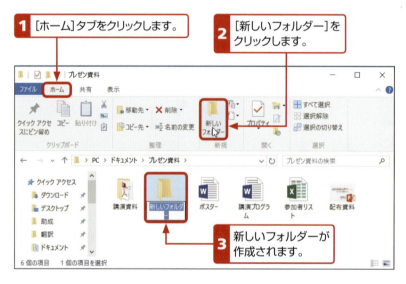

3 新しいフォルダーが作成されます。

4 フォルダー名を入力します。

5 フォルダー名の入った新規フォルダーが完成します。

フォルダー名に使えない文字
フォルダー名には、下記の特殊文字は使えません。
\ / : ? " < >

右クリックでフォルダーを作成
フォルダーの空いているスペースで右クリックし、[新規作成]から[フォルダー]を選択する方法もあります。

PART 1　Chapter2　Windows10を管理しよう

Lesson 2　ファイルを管理しよう

学習のポイント
- ファイルの管理の方法を学びます。
- ファイルの管理方法を覚えて、使いやすい環境を作る方法について学びます。

1 ▶▶ ファイルの拡張子を表示する

　ファイルの拡張子は、表示／非表示を切り替えることができます。ここでは、「ドキュメント」フォルダーを開いた状態から解説します。

1 [表示]タブをクリックします。

2 [ファイル名拡張子]にチェックを付けます。

3 ファイルに拡張子が表示されます。

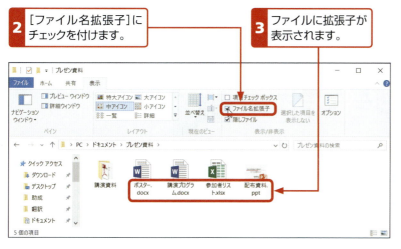

拡張子
ファイルの種類を識別するためのもので、ファイル名の「.」（ピリオド）の右側の部分の文字列です。

ファイルの種類を識別する上で、拡張子を表示させることをおすすめします。

拡張子を非表示にする
[表示]タブをクリックし、[ファイル名拡張子]のチェックを外します。

2 ▶▶ ファイルを圧縮／展開する

●ファイルを圧縮する

ファイルを圧縮する方法を解説します。

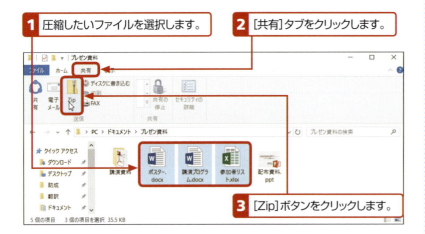

zip形式
世界的に普及している圧縮形式です。

圧縮フォルダーは、元のフォルダー名で作られます。名前を変更したい場合は、左欄 4 の操作で、名前の変更を行ってください。

●ファイルを展開する

ファイルを展開する方法を解説します。

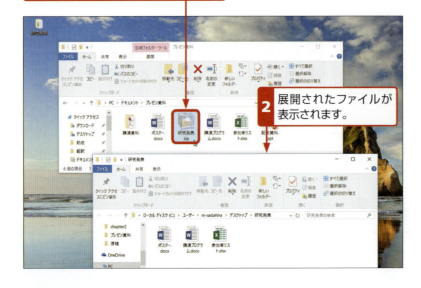

展開
圧縮されたファイルを元に戻す作業をいいます。

ここでは、デスクトップに展開をしましたが、展開する場所は、自分で選ぶことができます。間違えないように指定しましょう。

PART1　Chapter2　Windows10を管理しよう

Lesson 3 OneDriveを活用しよう

学習のポイント
- OneDriveの活用方法を学びます。
- OneDrive上のファイルを共有する方法を学びます。

1 ▶▶ PCからOneDriveを起動する

　スタートボタンをクリックし、[すべてのアプリ]をクリックしたところから解説します。

1 [OneDrive]をクリックします。

用語

OneDrive
Microsoftが運営するインターネット上のストレージサーバーにファイルを保存できるオンラインストレージサービスです。15GBまで無料で利用できるほか、iPhoneやAndroid、Macともファイルを共有することができます。

2 [使ってみる]をクリックします。

注意

OneDriveを利用するためにはMicrosoftアカウントにサインインが必要です。

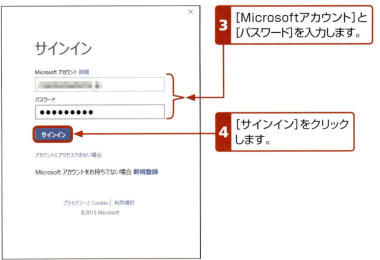

3 [Microsoftアカウント]と[パスワード]を入力します。

4 [サインイン]をクリックします。

オンラインストレージサービス
インターネット上に設置されたファイル保管用のディスクスペースにデータを保管するサービスをいいます。インターネット経由で自由に読み書きができます。

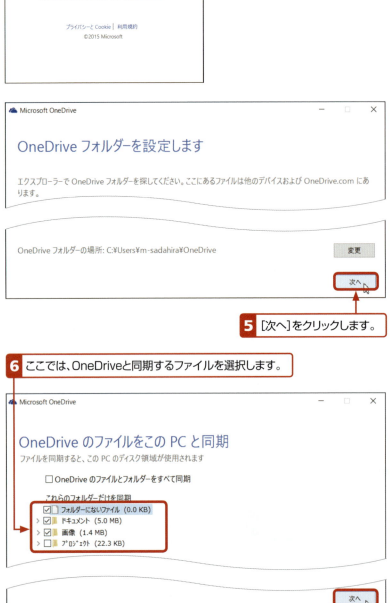

5 [次へ]をクリックします。

6 ここでは、OneDriveと同期するファイルを選択します。

7 [次へ]をクリックします。

左欄5で保存場所を変更したい場合は、[変更]をクリックします。

左欄6で[OneDriveのファイルとフォルダーをすべて同期]を選択することができます。ただし、容量は15GB(無料の場合)なので、容量不足にならないように注意してください。

PART 1　Chapter2　Windows10を管理しよう

左欄8でOneDriveとの同期が終了します。

8 [完了]をクリックします。

9 同期されているファイルにはチェックマークが表示されます。

10 同期されている[ドキュメント]をクリックすると、その中に保存されているファイルやフォルダーが表示されます。

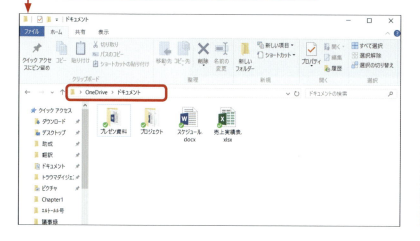

39

2 ▶▶ ブラウザーからOneDriveを起動する

1 ブラウザー(ここではMicrosoft Edge)を起動し、OneDriveのサイトのURL(http://onedrive.live.com)を入力します。

チェック

左欄1のOneDriveのサイトのURL入力の手間が省けるようお気に入りに登録しておくと次回から便利です。

2 [サインイン]をクリックします。

3 サインインするアカウントのメールアドレスを入力します。

4 [次へ]をクリックします。

PART 1　Chapter2　Windows10 を管理しよう

5 パスワードを入力します。

6 [サインイン]をクリックします。

> **チェック**
> 左欄 **7** で表示されるフォルダーやファイルはOneDriveに登録されたものです。PCに保存されているものは表示されません。

7 フォルダーやファイルが表示されます。

8 [ドキュメント]フォルダーをクリックします。

9 フォルダーやファイルが表示されます。

3 ▶▶ フォルダーやファイルを共有する

　ブラウザーでOneDriveを起動した状態から解説します。ここでは、［プロジェクト］フォルダー内の［企画］ファイルを共有します。

1 ［プロジェクト］フォルダーをクリックします。

2 ［企画］ファイルをクリックします。

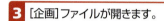

3 ［企画］ファイルが開きます。

4 ［共有］をクリックします。

5 共有相手のメールアドレスとコメントを入力します。

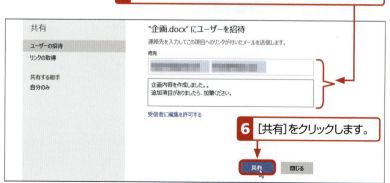

6 ［共有］をクリックします。

チェック

5 で指定した共有相手のメールアドレスに招待メールが届きます。そこに記載されているリンク先にアクセスすると、このファイルを開き共有することができるようになります。

PART 2

Word 2016を
マスターしよう

▶▶ **Chapter 1**　文書を作成しよう
▶▶ **Chapter 2**　フォントや書式を設定しよう
▶▶ **Chapter 3**　ビジュアル要素を設定しよう
▶▶ **Chapter 4**　レイアウトを設定しよう
▶▶ **Chapter 5**　カードをデザインしよう
▶▶ **Chapter 6**　ラベルを作成しよう

基本的な文書を作ろう

学習のポイント
- Word 2016の起動と、文書入力基本操作を学びます。
- インタフェースの名称と機能について学びます。
- 作成した文書のいろいろな保存方法を学びます。

例題01 文章を入力しよう

完成例

```
　　いのちあるオーガニック食材を生かす
　　クッキングスクール
　　美味しい食生活を学び、ココロもカラダも美しくなる

　　概要
　　　ナチュラルフードに興味を持ち、ヘルシーライフを提案していく一日入門コースです。
　　　ナチュラルフードの基本「農業、玄米、旬の野菜」に関する知識を身につけ、よい食材を
　　見分け、美味しく楽しい食生活のきっかけを作りましょう。
　　　本講座はナチュラルフードに興味を持っている人にも適切なアドバイスができる人をめ
　　ざします。

　　講座内容
　　　農薬・化学肥料
　　　自然農法・有機農法
　　　玄米や旬の野菜
　　　農業再生
　　　料理実習
　　　＜費用　5,000円＞

　　日程
　　　5月28日（土）　11：00～14：00
　　主催
　　　ナチュラル・フード・スタジオ
　　場所
　　　東京都港区南青山3-8-27　芝崎410ビル1階
　　　（東京メトロ・表参道駅（A4出口）徒歩5分）

　　参加申し込み・問い合わせ先
　　　E-mail: school@.nfst.jp
```

※「例題01」のサンプルファイルは、本書紹介のサポートページから
　ダウンロードできます（2ページ参照）。

PART 2　Chapter1　文書を作成しよう

1 ▶▶ Word 2016を起動する

1 スタート画面から[Word 2016]をクリックします。

チェック

ショートカットの作成
デスクトップにWord 2016のショートカットアイコンを作成し、そのアイコンをダブルクリックして起動することもできます（30ページ参照）。

2 Word 2016のテンプレートが開きます。

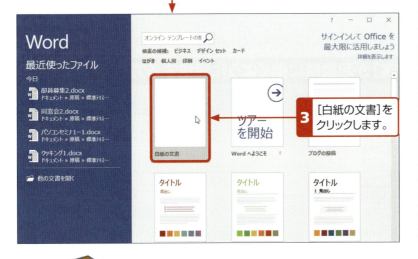

3 [白紙の文書]をクリックします。

チェック

起動時に
テンプレート一覧が表示
起動直後には、テンプレート一覧が表示されます。このテンプレート一覧には、最近使ったファイルも表示されます。

参考　タブの区切り線の表示

Office 2016より、画面サイズがタブ表示幅より狭くなると、区切り線が表示されるようになりました。

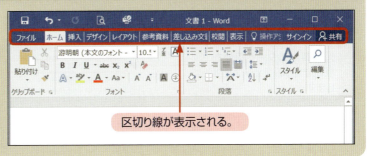

区切り線が表示される。

4 新規文書の編集画面が表示されます。

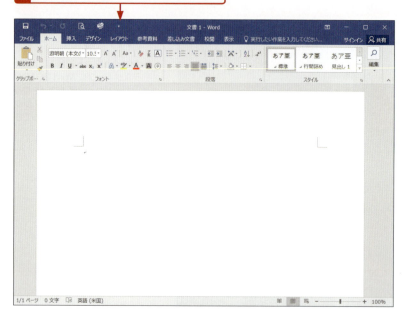

Wordの終了
画面右上にある［閉じる］ボタンをクリックしてWordを終了します。

［白紙の文書］が起動時に開くように設定する方法

　Word 2016を起動するたびに、テンプレート画面が表示されるのがわずらわしい場合は、起動時に白紙の文書が開くように設定することができます。
　設定変更は、Wordのファイルを開いた状態から、［ファイル］タブをクリックし、［オプション］を選択して、［Wordのオプション］画面を表示した後、次の操作を行います。

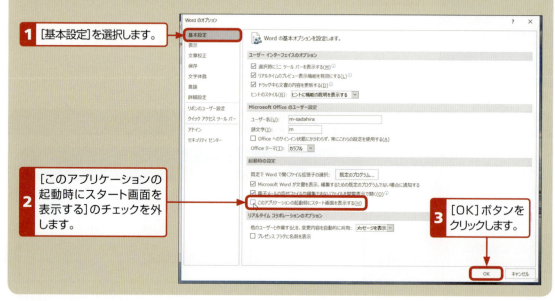

1 ［基本設定］を選択します。

2 ［このアプリケーションの起動時にスタート画面を表示する］のチェックを外します。

3 ［OK］ボタンをクリックします。

PART2 | Chapter1　文書を作成しよう

2 ▶▶ 画面の名称と機能を知る

Word 2016の画面の名称と機能について解説します。

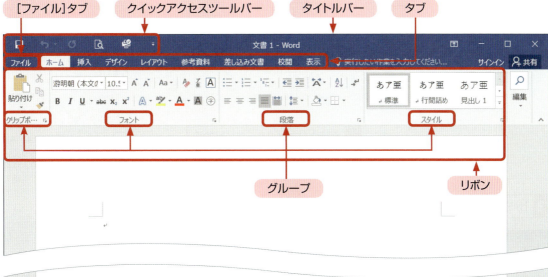

◆ ［ファイル］タブ
　ファイルの新規作成、保存、終了など基本操作を行うためのボタンです。
◆ クイックアクセスツールバー
　利用頻度の高いボタンをまとめたものです。ボタンの追加、削除のカスタマイズが可能です。
◆ タイトルバー
　編集中のファイル名（文書名）が表示されます。
◆ タブ
　9つのタブによって構成されています。
◆ リボン
　機能別にタブによって分類されています。
◆ グループ
　ボタンが機能別にグループ化されています。
◆ ステータスバー
　現在編集中の文書情報（ページや行数など）を表示します。
◆ ズームスライダー
　表示倍率を変更することができます。
◆ 表示選択ショートカット
　文書の表示モードを切り替えることができます。

 クイックアクセスツールバーのユーザー設定
クイックアクセスツールバーのをクリックして、必要なものにチェックマークを付けましょう。下図の5つのボタンを設定しておくと便利です。

3 ▶▶ ページレイアウトを設定する

まず、文章を入力する前に、ページのレイアウトを行います。

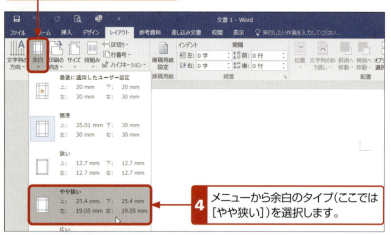

Word 2016ではWord 2013での[ページレイアウト]タブが[レイアウト]タブに名称が変わりました。

レイアウトの初期設定は、A4サイズで余白が標準になっています。このレイアウトでよければ、レイアウトの設定は省略できます。

用紙サイズの種類
左欄❷の手順で選択できる用紙サイズは、使用しているプリンターによって異なります。

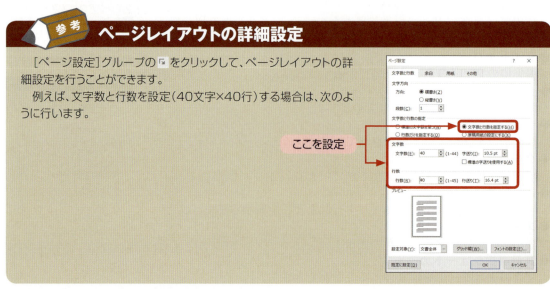

ページレイアウトの詳細設定

[ページ設定]グループの ⌐ をクリックして、ページレイアウトの詳細設定を行うことができます。
例えば、文字数と行数を設定(40文字×40行)する場合は、次のように行います。

4 ▶▶ 文章を入力する

「例題01」で示す案内状の文章を入力してみましょう。

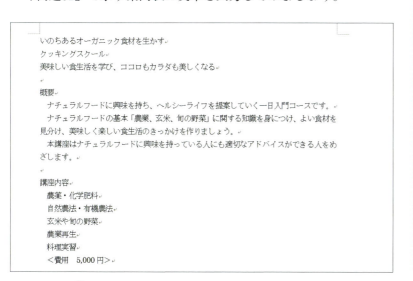

参考 タッチモードへの変更

タッチ操作を頻繁に使う場合は、タッチ操作しやすいように、「タッチモード」に切り替えることをおすすめします。タッチモードにすると、ボタンの間隔が広がり、タッチ操作がしやすくなります。
切り替え操作は、次のとおりです。

1 クイックアクセスツールバーの（▼）をクリックして、[タッチ／マウス モードの切り替え]にチェックを付けます。

2 クイックアクセスツールバーに[タッチ／マウス モードの切り替え]アイコンが表示されます。

3 [タッチ／マウス モードの切り替え]アイコンをクリックして、[タッチ]を選択します。

4 ボタンの間隔が広がります。

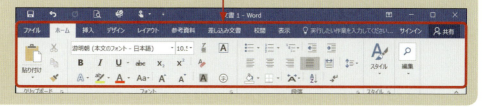

5 ▶▶ 表示倍率を変更する

「ズーム」機能を使って、編集画面の表示を縮小したり、拡大したりすることができます。編集しやすい表示倍率に変更してみましょう。

1 ズームスライダーを左方向にドラッグすると、表示サイズが縮小されます。

ドラッグ

2 スライダーを右方向にドラッグすると、表示サイズが拡大されます。

ドラッグ

チェック

ズームスライダーの左右両端にある－と＋をクリックすると、10％ずつ拡大表示もしくは縮小表示されます。

10％ずつ縮小する

10％ずつ拡大する

チェック

タッチ操作での拡大／縮小
タッチ対応スクリーンの場合は、ピンチアウト／ピンチイン操作で表示の拡大／縮小をすることができます。

チェック

表示を100％倍率に戻す
［表示］タブにある［100％］ボタンをクリックすると、表示が100％倍率にもどります。

 ［ズーム］ダイアログボックスの利用

　ズームスライダー以外にも、［ズーム］ダイアログボックスを使って、表示倍率を変更することもできます。
　［表示］タブにある［ズーム］ボタンをクリックして、表示倍率を指定します。

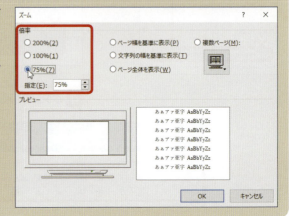

6 ▸▸ 文書を保存する

作成した文書を保存してみましょう。ここでは、初めて保存する場合の保存方法を解説します。

1 ［ファイル］タブをクリックします。

1. 上書き保存
   編集前の状態のファイルはなくなります。
2. 名前を付けて保存
   編集前のファイルと別のファイルで保存します。

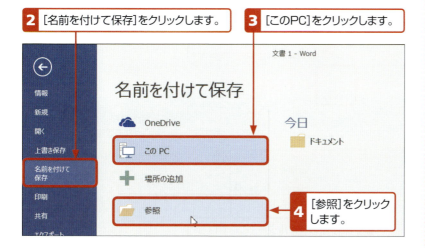

2 ［名前を付けて保存］をクリックします。
3 ［このPC］をクリックします。
4 ［参照］をクリックします。

上書き保存する
上書き保存する場合は、左欄2の手順で［上書き保存］を選択します。

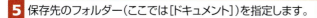

5 保存先のフォルダー（ここでは［ドキュメント］）を指定します。

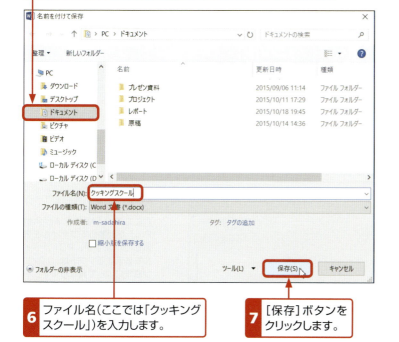

6 ファイル名（ここでは「クッキングスクール」）を入力します。
7 ［保存］ボタンをクリックします。

保存したファイルを開く
［ファイル］タブから［開く］を選択し、開きたいファイルが保存されている場所を指定します。

7 ▶▶ PDF形式で保存する

作成した文書をPDF形式で保存してみましょう。

ここでは、［ファイル］タブをクリックしたところから解説します。

用語

PDF（Portable Document Format）
Adobe Systems社が開発した電子文書フォーマットです。コンピューターの機種やOSに関係なく、オリジナルのイメージをほとんど同じように表示できます。

1 ［エクスポート］をクリックします。

2 ［PDF／XPSドキュメントの作成］をクリックします。

3 ［PDF／XPSの作成］をクリックします。

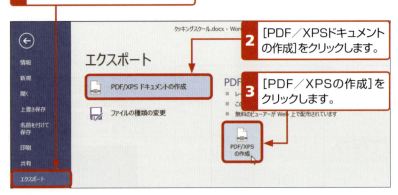

4 保存先のフォルダー（ここでは［ドキュメント］）を指定します。

5 ［発行］ボタンをクリックします。

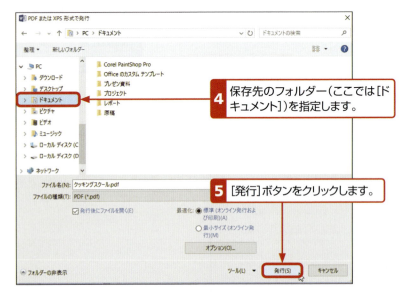

6 PDFファイルとして保存され、その内容が表示されます。

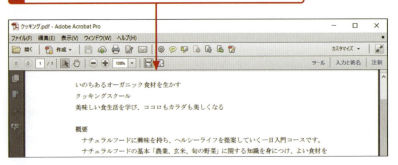

注意

ここでは、「Adobe Acrobat Pro」が起動してファイルを表示していますが、PDFファイルを表示するソフトは、パソコン環境によって異なります。

PART 2 | Chapter1 文書を作成しよう

8 ▶▶ OneDriveに保存する

　作成した文書をOneDriveに保存してみましょう。OneDriveに保存すると、いつどこからでも、自分以外のパソコンからファイルを開くことができます。また、ほかの人とファイルを共有することもできます。

　ここでは、［ファイル］タブをクリックしたところから解説し、「ドキュメント」フォルダー内に保存します。

> **チェック**
> OneDriveを利用するには、サインインしてOneDriveを起動する必要があります（37ページ参照）。

1 ［名前を付けて保存］をクリックします。

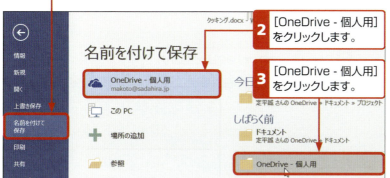

2 ［OneDrive - 個人用］をクリックします。

3 ［OneDrive - 個人用］をクリックします。

> **チェック**
> **ファイルの共有**
> OneDriveのファイルをほかの人と共有するための設定は、42ページの「フォルダーやファイルを共有する」を参照してください。

4 ［ドキュメント］をクリックします。

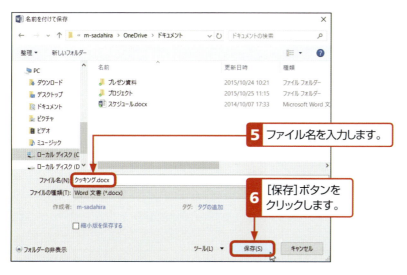

5 ファイル名を入力します。

6 ［保存］ボタンをクリックします。

53

参考 Officeテーマの変更

Officeテーマの色は、次のようにして変えることができます。ここでは、Office2013と同じ、「白」に変えてみましょう。

1 [ファイル]タブをクリックします。

2 [アカウント]をクリックします。

3 Ofiiceテーマの[▼]をクリックします。

4 [白]を選択します。

5 Officeテーマが[白]になります。

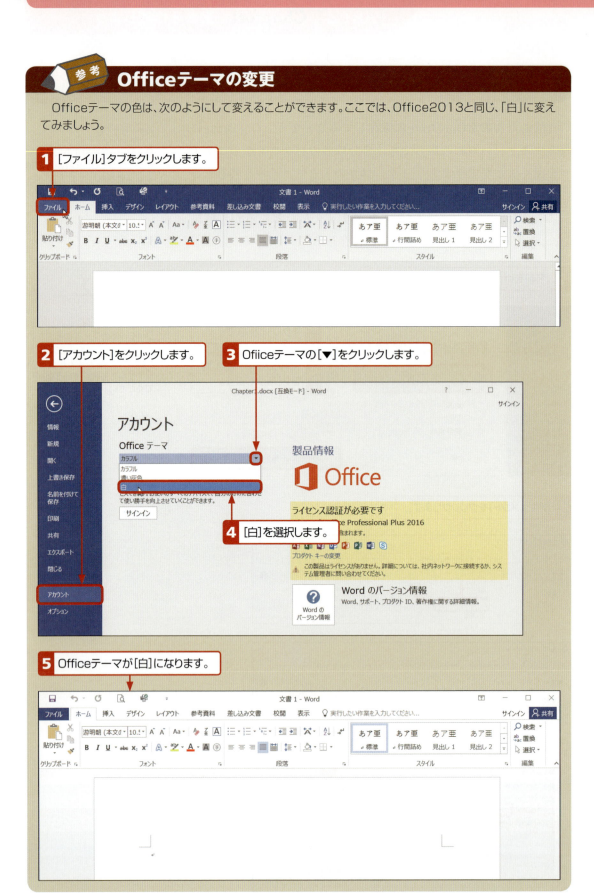

PART2　Chapter1　文書を作成しよう

やってみよう！1 ▶▶

新規文書を開き、下記の文書を入力してみましょう。

```
パソコン講座のご案内

テーマ：魅せる！ポスターデザインの作り方

概要
　ポスターは人の目に留まり、関心を持ってもらえるようにデザインすることが大切です。ポスターで
いかに多くの人を引き寄せ、メッセージを伝えることができるかが求められます。
　本講座では、単に「見せる」のではなく、「魅せる」ポスター作りのコツを教えます。
文書表現能力や文字やイラストのデザインをマスターし、見栄えのする実践的なポスターを作ってみま
しょう。
　皆様の参加をお待ちしております。

講座内容
　優れたポスターとは何か
　ポスター作りの5つの条件
　キャッチコピーは重要
　色と文字の選び方
　色で魅せるイメージカラー
　文字のメリハリのコツ
　イラストを使ってアイキャッチ

　＜参加無料＞
　講座日　　5月15日
　講座時間　13時から16時まで
　開催場所　技術評論社
　交通手段　JR、都営新宿線、東京メトロ有楽町線、同南北線「市ヶ谷駅」

　参加申し込み・問い合わせ
　　E-mail：kouza@gihyo.co.jp
```

※「やってみよう！1」のサンプルファイルは、本書紹介のサポートページからダウンロードできます（2ページ参照）。

やってみよう！2 ▶▶

ページレイアウトの指定で、用紙サイズをA4、上下左右の余白を20mmに設定してみましょう。

やってみよう！3 ▶▶

上記の文書を「パソコン講座」とファイル名を付け、OneDriveの[ドキュメント]フォルダーに保存してみましょう。

Lesson 1 文字をデザインしよう

学習のポイント
- 入力した文書を見やすくデザインする方法を学びます。
- フォントデザインや行揃え、行間設定などのスタイル変更方法を学びます。

例題 02 案内状を作ろう

完成例

※「例題02」のサンプルファイルは、本書紹介のサポートページからダウンロードできます（2ページ参照）。

PART 2 | Chapter 2　フォントや書式を設定しよう

1 ▶▶ フォントサイズを変更する

　ここでは、前項の「例題01」で作成した「クッキングスクール」のファイルを開き、文書をデザインしていきます。

　まず、タイトルとテーマの文字を拡大しましょう。［ホーム］タブで［フォント］グループを表示したところから解説します。

●［フォントサイズ］ボタンで変更する

1 文字の大きさを変更したい文字列を選択します。

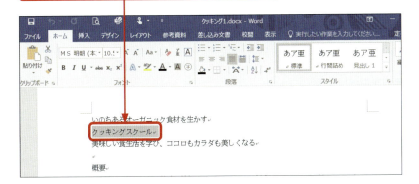

2［フォントサイズ］ボタンの［▼］をクリックします。

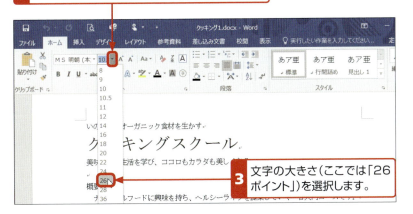

3 文字の大きさ（ここでは「26ポイント」）を選択します。

4 選択した文字列がそのフォントサイズに変更されます。

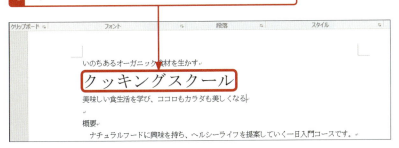

行の文字列を選択
行の余白部分をクリックすると、その行の文字列が選択されます。

プレビュー表示
左欄**3**の手順でフォントサイズにマウスポインターを合わせると、選択したフォントサイズがプレビュー表示されます。

5 前後の行のフォントサイズを14ポイントに変更します。

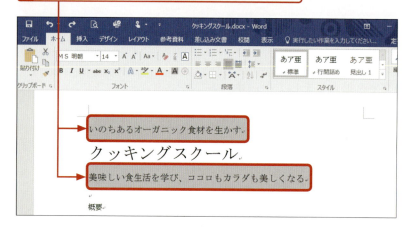

> **チェック**
> **離れた行の選択**
> 左欄5の手順のように離れた行を選択するには、Ctrlキーを押しながら次の行をクリックします。

● フォントサイズを直接入力して変更する

1 文字の大きさを変更したい文字列を選択し、目的のフォントサイズ(ここでは「32ポイント」)を直接入力します。

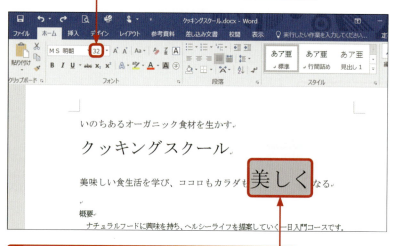

2 選択した文字列がそのフォントサイズに変更されます。

> **チェック**
> [フォントサイズ]ボタンで表示されるサイズ以外も指定することができて便利です。

参考 ボタンによるサイズの変更

文字の大きさを若干、拡大、縮小して文字の大きさのバランスを図るとき、[フォントの拡大]ボタン／[フォントの縮小]ボタンを利用すると便利です。
一回クリックするごとに少しずつ、拡大、もしくは縮小していきます。

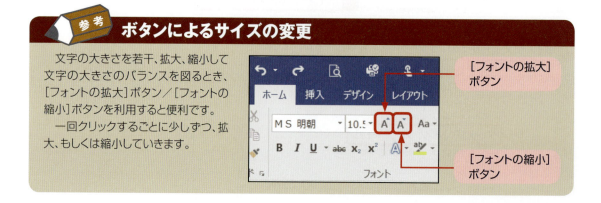

[フォントの拡大]ボタン

[フォントの縮小]ボタン

2 ▶▶ フォントを変更する

タイトルとテーマの文字を「HGP創英角ゴシックUB」、本文を「HG丸ゴシックM-PRO」に変更してみましょう。

1 タイトルとテーマの文字列を選択します。

> **チェック**
> **複数行の文字列を選択**
> 行の余白部分を縦にドラッグすると、そのドラッグした範囲の行の文字列が選択されます。

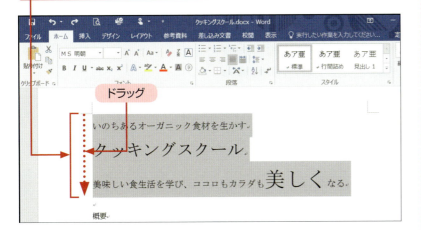

ドラッグ

2 [フォント]ボタンの[▼]をクリックします。

3 目的のフォント(ここでは[HGP創英角ゴシックUB])を選択します。

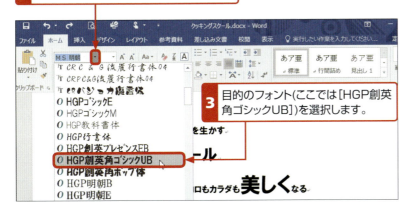

4 フォントが変更されます。

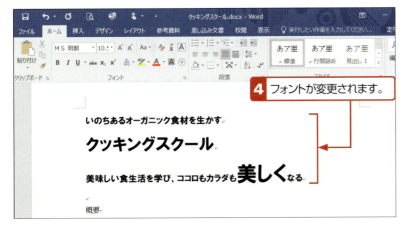

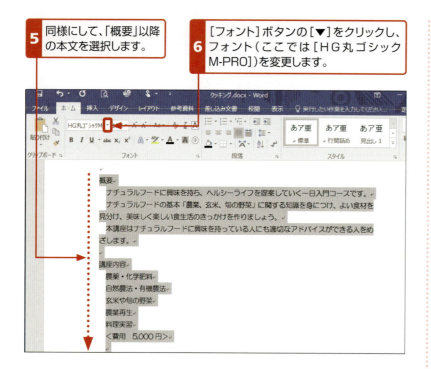

⑤ 同様にして、「概要」以降の本文を選択します。

⑥ [フォント]ボタンの[▼]をクリックし、フォント(ここでは[HG丸ゴシックM-PRO])を変更します。

 可読性、可視性の優れたフォント

フォントには「可読性」に優れたフォントと「可視性」に優れたフォントがあります。

可読性の優れたフォントは長文や小さいフォントサイズでも読みやすいという特徴があります。新聞、雑誌、小説、報告書などに利用されています。その代表的なフォントが「明朝体」です。

それに対して、可視性に優れたフォントは文字が太く、離れたところからも目を引く見やすいという特徴があります。文書のタイトル、チラシやポスターのタイトルやキャッチコピーなどに利用されます。その代表的なフォントが「ゴシック体」や「ポップ体」です。

書体	8Pt	16pt	32pt
游明朝	文書デザイン	文書デザイン	文書デザイン
游ゴシック	文書デザイン	文書デザイン	文書デザイン
HGP創英角ゴシックUB	文書デザイン	文書デザイン	文書デザイン
HGP創英角ポップ体	文書デザイン	文書デザイン	文書デザイン
HG丸ゴシックM-PRO	文書デザイン	文書デザイン	文書デザイン
HG正楷書体-PRO	文書デザイン	文書デザイン	文書デザイン

PART 2 Chapter2 フォントや書式を設定しよう

3 ▶▶ フォントカラーを変更する

「クッキングスクール」と「美しく」のフォントカラーを変更してみましょう。

●［フォントの色］ボタンから変更する

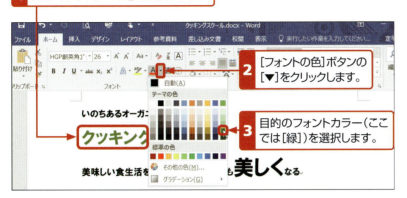

1 「クッキングスクール」を選択します。
2 ［フォントの色］ボタンの［▼］をクリックします。
3 目的のフォントカラー（ここでは［緑］）を選択します。

4 「クッキングスクール」の文字の色が変更されます。

同じ色を繰り返し設定する
［フォントの色］ボタンで設定した色は記憶され、ボタン🅰が指定した色に変わります。繰り返し同じ色を設定する場合は、［▼］をクリックして色選択しなくても、ボタンをクリックするだけで同じ色を設定できます。

参考　色によって喚起されるイメージ

　色によって喚起されるイメージがあります。色が喚起する心理的イメージを理解し、テーマや内容に応じて適切な色を配色すると、文書デザイン全体のイメージアップにつながります。

暖色
　赤からオレンジまでの色で、温かいイメージがあります。新鮮、楽しさ、情熱的なイメージ表現をする場合に適しています。食品や料理、スポーツや健康、子供をテーマとした場合の配色に利用されます。

寒色
　青から青紫までの色で、冷たいイメージがあります。クール、知的、静けさのイメージ表現をする場合に適しています。ビジネス、先端技術、落ち着いた雰囲気をテーマとした場合の配色に利用されます。

中間色
　暖色と寒色のどちらにも属さない色で、穏やか、落ち着き、爽快さのイメージ表現をする場合に適しています。癒し、自然、エコロジーをテーマとした場合の配色に利用されます。

　また、次の基本色には右の表ようなイメージがあります。

赤	エスニック、女性、美容、食料品、健康、スポーツ、愛
オレンジ	明るい、活発、料理、新鮮
黄	明るい、元気、子供、注意、緊張
緑	新鮮、さわやか、自然、平和、やすらぎ
青	クール、シック、シャープ、モダン、知的
紫	華麗さ、落ち着き、高級、上品、伝統
白	清潔、新しい、軽い、ピュア
黒	神秘的、重々しさ、不気味、暗黒

● ［その他の色］から変更する

1 「美しく」を選択します。
2 ［フォントの色］ボタンの［▼］をクリックします。
3 ［その他の色］を選択します。

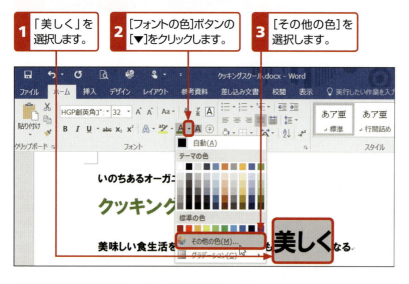

4 ［色の設定］画面が表示されます。
5 ［標準］タブをクリックします。
7 ［OK］ボタンをクリックします。

6 目的のフォントカラー（ここでは「赤紫」）を選択します。

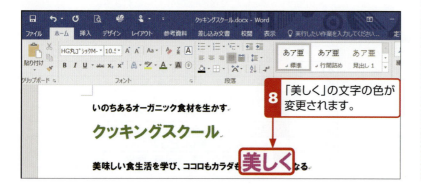

8 「美しく」の文字の色が変更されます。

チェック

選択した色の調整
選択した色をもう少し明るく、または暗くといったように色の微調整を行うには、左欄 5 の手順で［ユーザー設定］タブをクリックして色の調整をします。

4 ▶▶ フォントスタイルを変更する

＜費用　5,000円＞のフォントスタイルを変更してみましょう。

●太字にする

1 太字にしたい文字列を選択します。

2 [太字] ボタンをクリックします。

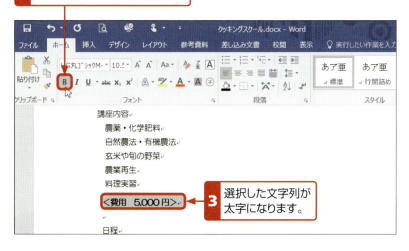

3 選択した文字列が太字になります。

太字の解除
太字が設定されている文字列を選択し、再び [太字] ボタンをクリックすると解除されます。

●斜体にする

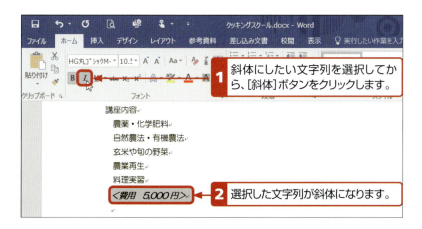

1 斜体にしたい文字列を選択してから、[斜体] ボタンをクリックします。

2 選択した文字列が斜体になります。

斜体の解除
斜体が設定されている文字列を選択し、再び [斜体] ボタンをクリックすると解除されます。

5 ▶▶ 文字列の配置を変更する

　前項でフォントスタイルを変更した文字列を［中央揃え］にしてみましょう。

1 ［中央揃え］に揃えたい行を選択します。

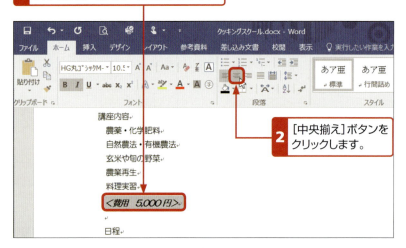

2 ［中央揃え］ボタンをクリックします。

3 選択した行が中央揃えになります。

参考 文字の配列の種類

文字の配列の種類には、次の4つがあります。

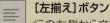 **［左揃え］ボタン**
行の左側から文字が配置されます。

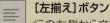 **［中央揃え］ボタン**
行の中央から文字が配置されます。

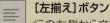 **［右揃え］ボタン**
行の右側から文字が配置されます。

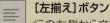 **［両端揃え］ボタン**
行の左側から文字が配置されます。日本語では左揃えと同じです。英文などアルファベット文字の場合、両端が揃うというものです。

6 ▶▶ 文字に下線を引く

「参加申し込み・問い合わせ先」に、下線を引いてみましょう。

1 下線を引きたい文字列を選択します。

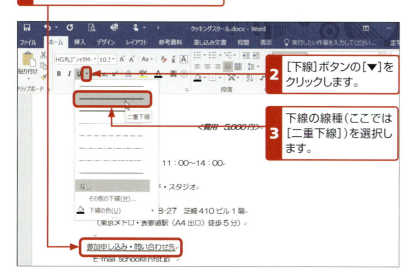

2 [下線]ボタンの[▼]をクリックします。

3 下線の線種(ここでは[二重下線])を選択します。

チェック

プレビュー表示
左欄 **3** の手順で目的の下線にマウスポインターを合わせると、選択した下線がプレビュー表示されます。

4 選択した文字列に下線が引かれます。

チェック

下線の解除
下線が設定されている文字列を選択し、再び[下線]ボタンをクリックすると、解除されます。

参考 [下線の色]の設定

下線に色を付けることができます。
[下線]ボタンの[▼]をクリックした際に表示されるメニューから、[下線の色]をクリックして、目的の色を選択します。

目的の色を選択する。

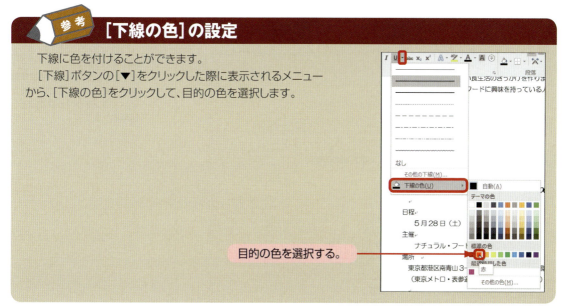

7 ▶▶ 網かけを付ける

　各項目名を太字にして、網かけを付けてみましょう。ここでは、太字にした後から解説します。

1 網かけをする文字列を選択します。

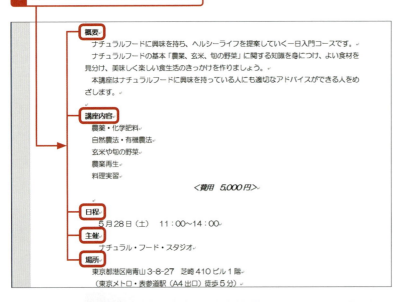

離れた行の選択
左欄**1**の手順のように、離れた文字列を選択するには、Ctrl キーを押しながら次の文字列をドラッグします。

2 [文字の網かけ]ボタンをクリックします。

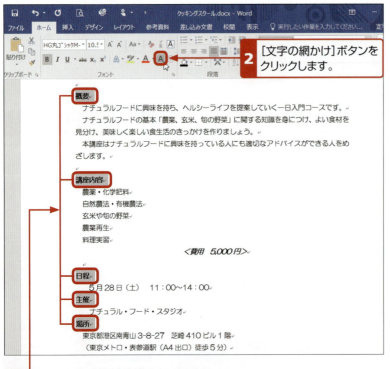

網かけの解除
網かけが設定されている文字列を選択し、再び[文字の網かけ]ボタンをクリックすると、解除されます。

3 選択した文字列に網かけが付きます。

その他の書式設定

書式設定を行いたい文字列を選択して、[ホーム]タブの[フォント]グループにあるボタンや[フォント]ダイアログボックスで、以下のような書式設定が行えます。

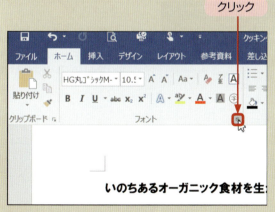

[フォント]ダイアログボックスを表示したい場合には、[フォント]グループの右下隅にある ボタンをクリックします。

8 ▶▶ 箇条書き／段落番号を付ける

「講座内容」の項目に箇条書きや段落番号を付けましょう。

●箇条書きを付ける

1 箇条書きを付ける行を選択します。

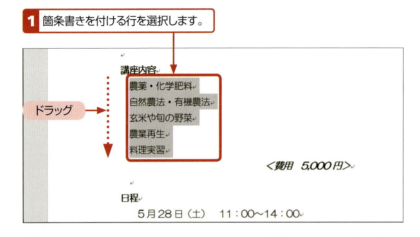

チェック

箇条書き／段落番号の解除
［箇条書き］ボタン／［段落番号］ボタンをクリックするか、Back spaceキーを押します。

2 ［箇条書き］ボタンの［▼］をクリックします。

3 目的の行頭文字を選択します。

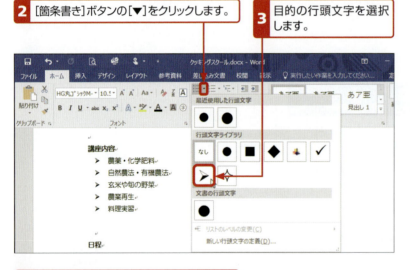

チェック

プレビュー表示
左欄**3**の手順で行頭文字にマウスポインターを合わせると、その行頭番号がプレビュー表示されます。

4 選択した段落の行頭文字が挿入されます。

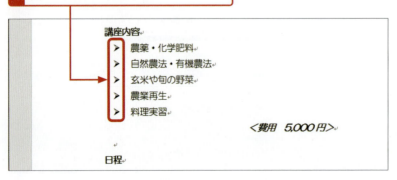

チェック

箇条書き／段落番号の表示形式の変更
変更したい範囲を選択し、［箇条書き］ボタン／［段落番号］ボタンをクリックし、メニューから変更したいフォームを選択します。

●段落番号を付ける

段落番号を付ける行を選択した状態から解説します。

① [段落番号]ボタンの[▼]をクリックします。

② 番号ライブラリから目的の番号書式を選択します。

プレビュー表示
左欄②の手順で番号書式にマウスポインターを合わせると、選択した番号書式がプレビュー表示されます。

③ 選択した段落番号が挿入されます。

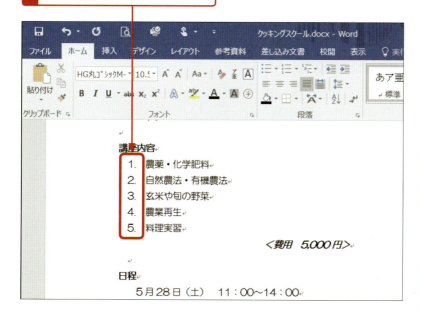

箇条書き／段落番号の追加と削除
設定した「箇条書き」「段落番号」の前後に段落の追加や削除を行うと、段落番号は自動的に振り直されます。

9 ▶▶ 影を付ける

　タイトルの「クッキングスクール」に影を付けて、より人目を引くようにしましょう。

1 影を付ける文字列を選択します。

色を付けるだけでなく、影を付けると文字列に立体感が出るので、よりその文字が引き立つようになります。

2 [文字の効果と体裁]ボタンの[▼]をクリックします。

3 [影]を選択し、目的の影の種類を選択します。

4 選択した影が付きます。

10 ▸▸ 光彩を付ける

　テーマの「美しく」に光彩を付けて、より人目を引くようにしましょう。

1 光彩を付ける文字列を選択します。

> **チェック**
> 影以外にも光彩を付けることで、その文字をより引き立たせることができます。

2 ［文字の効果と体裁］ボタンの［▼］をクリックします。

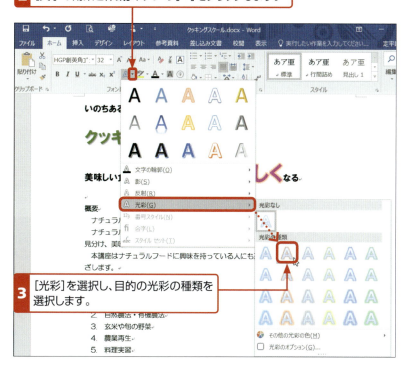

3 ［光彩］を選択し、目的の光彩の種類を選択します。

4 選択した光彩が付きます。

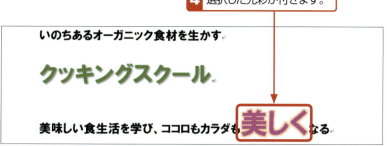

11 ▶▶ 行間を設定する

行間を設定することでより読みやすくすることができます。
ここでは、「概要」の説明文の行間を、やや広くしてみましょう。そして、テーマとタイトルの行間は、もう少し狭くしてみましょう。

●行間を設定する

「概要」の説明文の行間を[1.15]行にし、やや広く間隔を調整します。

1 行間設定する行を選択します。

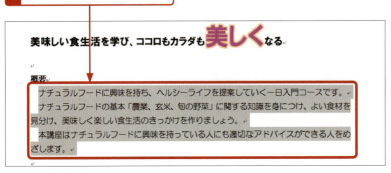

2 [行と段落の間隔]ボタンをクリックします。　**3** [1.15]を選択します。

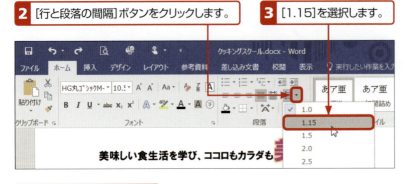

4 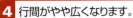 行間がやや広くなります。

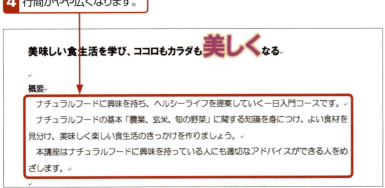

段落の前後の設定
段落の前の間隔や段落の後の間隔を設定することもできます。

段落の前後を調整する。

●間隔を設定する

テーマとタイトルの間隔を調整して、もう少し狭くします。

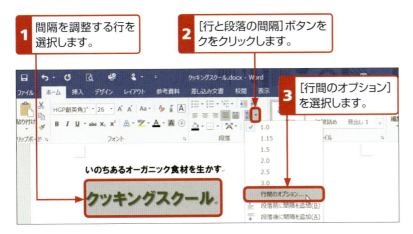

1 間隔を調整する行を選択します。
2 [行と段落の間隔]ボタンをクをクリックします。
3 [行間のオプション]を選択します。

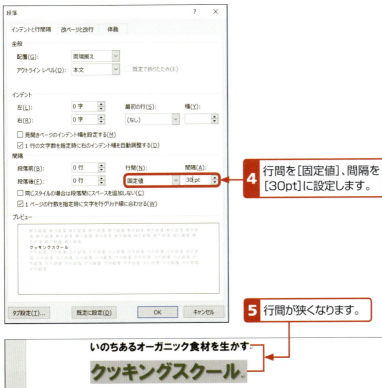

4 行間を[固定値]、間隔を[30pt]に設定します。
5 行間が狭くなります。

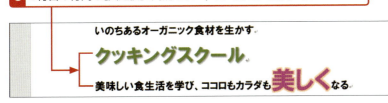

6 3行目の行間も[固定値]、間隔を[35pt]に設定し、行間を狭くします。

「クッキングスクール」のフォントサイズは、26ポイントなので、間隔は30ポイント、「美しく」のフォントサイズは32ポイントですので、間隔は35ポイントとほとんど前後の余白がない状態にしました。フォントサイズより間隔が小さくなるとフォントが欠けてしまいますので、注意してください。

固定値と最小値の違い

[固定値]を指定した場合、常に指定したポイント数で固定されるのに対して、[最小値]は指定した段落で使われている最大文字サイズに合わせて行間が自動調節されます。したがって、文字間隔を狭くした場合、[最小値]では、前の行の文字とは重なり合うことはありませんが、[固定値]の場合は、前の行の文字と重なり合うこともあります。

12 ▸▸ ハイパーリンクの設定を解除する

　Wordの初期状態ではハイパーリンクの自動設定がされているため、メールアドレスやURLを入力すると、その文字列は下図のように青色になり、下線が引かれてしまいます。印刷を意識した文書デザインの場合、勝手に青色や下線を引かれたくないこともあります。

　文字列に青色や下線を引かれたくない場合は、次の操作を行い、ハイパーリンクを解除しましょう。

1 ハイパーリンクが設定された文字列を選択します。

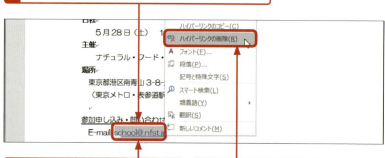

2 選択した文字列の上で、マウスの右ボタンをクリックします。

3 表示されたメニューから[ハイパーリンクの削除]を選択します。

4 ハイパーリンクが解除され、もとの色に戻ります。

参考　ハイパーリンクの自動設定をオフにする設定

　ハイパーリンクの自動設定が必要ない場合は、ハイパーリンクの自動設定をオフにしておくと便利です。
　操作は次の通りです。
❶ [ファイル]タブをクリックし、[オプション]−[文章校正]−[オートコレクトのオプション]をクリックします。
❷ [入力オートフォーマット]タブをクリックし、[インターネットとネットワークのアドレスをハイパーリンクに変更する]のチェックを外します。

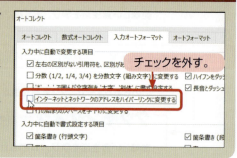

PART2　Chapter2　フォントや書式を設定しよう

やってみよう！4 ▶▶

　下記を参考に、例題❷の案内状のタイトルとテーマを各自のイメージでデザインしてみましょう。

いのちあるオーガニック食材を生かすクッキングスクール

美味しい食生活を学び
ココロもカラダも美しくなる

概要
　ナチュラルフードに興味を持ち、ヘルシーライフを提案していく一日入門コースです。
　ナチュラルフードの基本「農業、玄米、旬の野菜」に関する知識を身につけ、よい食材を見分け、美味しく楽しい食生活のきっかけを作りましょう。

やってみよう！5 ▶▶

　下記のように、例題❷の案内状の「講座内容」の項目に付けられた段落番号を❖の行頭文字の付いた箇条書きに変更してみましょう。

　　本講座はナチュラルフードに興味を持っている人にも適切なアドバイスができる人をめざします。

　講座内容
　　❖　農薬・化学肥料C
　　❖　自然農法・有機農法
　　❖　玄米や旬の野菜
　　❖　農業再生
　　❖　料理実習
　　　　　　　　＜費用　5,000円＞

※「やってみよう！4」「やってみよう！5」のサンプルファイルは、本書紹介のサポートページからダウンロードできます（2ページ参照）。

文書を印刷しよう

学習のポイント
- 文書の印刷の方法を学びます。
- ［印刷プレビュー］［印刷設定］の使い方を学びます。

1 ▶▶ 印刷プレビューを表示する

A4用紙に「クッキングスクール」を印刷してみましょう。

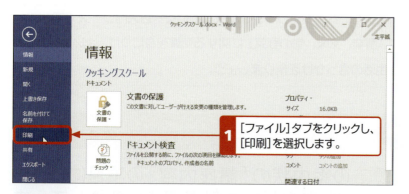

1 ［ファイル］タブをクリックし、［印刷］を選択します。

用語

印刷プレビュー
印刷したときのイメージを表示する機能をいいます。

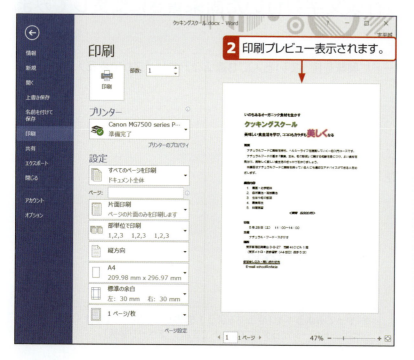

2 印刷プレビュー表示されます。

チェック

印刷するときは、印刷プレビューで印刷イメージを確認してから印刷するように心がけましょう。

2 ▶▶ 印刷を実行する

［ファイル］タブをクリックし、［印刷］を選択した状態から解説します。

1 ［印刷部数］を設定します。

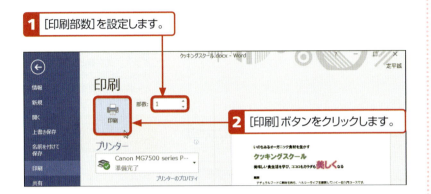

2 ［印刷］ボタンをクリックします。

 チェック

印刷枚数が1枚の時は直接、左欄 **2** の操作を行ってください。複数枚を印刷するときは、左欄 **1** の操作を行います。

 印刷範囲の指定

印刷は、[すべてのページを印刷]が初期設定となっていますが、目的ページの印刷指定方法を覚えておきましょう。

1. 現在のページを印刷
文書の現在カーソルのあるページを印刷します。

ここをクリックして
ここを選択

2. 連続ページを印刷
［ページ］のボックスに最初のページと最後のページをハイフン(半角)でつなげます。(例「1-3」)

ここを選択して　ページ入力

3. 断片的なページを印刷
1ページ、3ページ、5ページと断片的に印刷する場合、ページをカンマ(半角)で区切って入力します。(例「1,3,5」)

ここを選択して　ページ入力

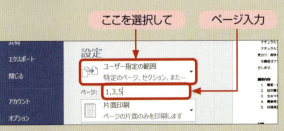

3 ▶▶ 印刷の詳細設定をする

［ファイル］タブをクリックし、［印刷］を選択した状態から解説します。

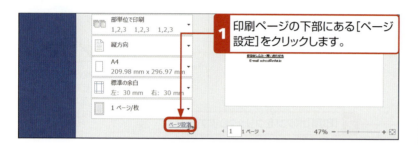

1. 印刷ページの下部にある[ページ設定]をクリックします。

文章の量、見せ方表現の仕方によって、文字数と行数や余白、さらには印刷の向きを調整すると一段と見栄えのするレイアウトができます。

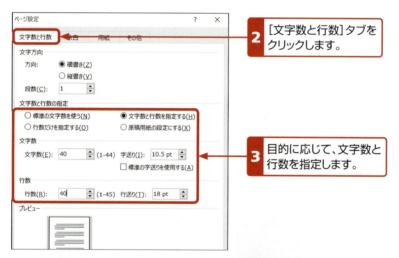

2. ［文字数と行数］タブをクリックします。
3. 目的に応じて、文字数と行数を指定します。

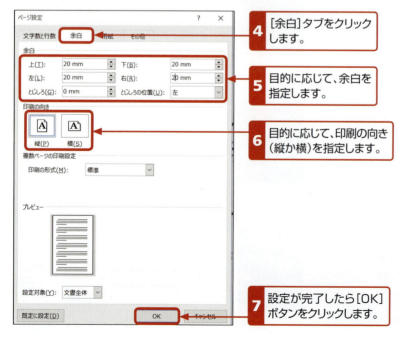

4. ［余白］タブをクリックします。
5. 目的に応じて、余白を指定します。
6. 目的に応じて、印刷の向き（縦か横）を指定します。
7. 設定が完了したら［OK］ボタンをクリックします。

PART2 | Chapter3 ビジュアル要素を設定しよう

文書のイメージアップを図ろう

学習のポイント
- 罫線や余白を活用した文字のデザインについて学びます。
- Smart Artを使ったビジュアルデザインの表現方法を学びます。

 例題 03　チラシを作ろう

完成例

※「例題03」のサンプルファイルは、本書紹介のサポートページからダウンロードできます（2ページ参照）。

1 ▶▶ 基本デザインをする

Chapter2を参考に、次のような基本デザインを施しましょう。

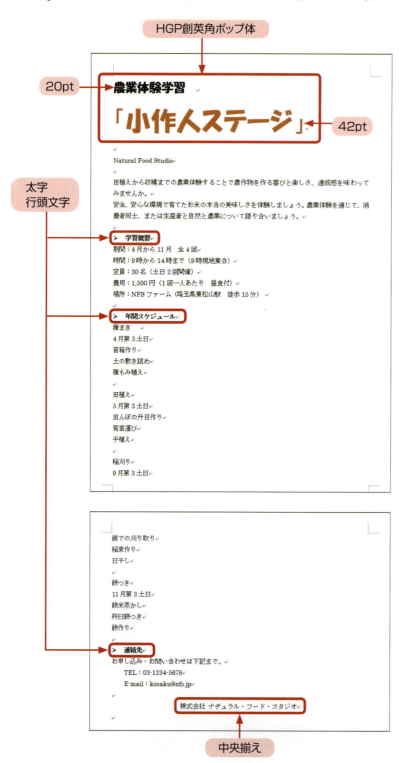

左図の文書は、本書紹介のサポートページからダウンロードできます（2ページ参照）。

入力データ 「例題03-1」
基本デザイン 「例題03-2」
完成デザイン 「例題03-3」

PART 2　Chapter3　ビジュアル要素を設定しよう

2 ▶▶ 罫線で行全体をデザインする

●網かけを設定する

選択した行全体に帯状の網かけを行います。

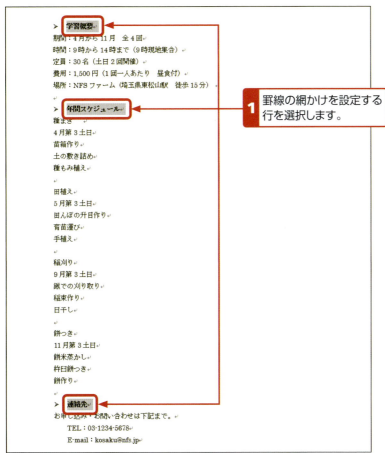

1 罫線の網かけを設定する行を選択します。

チェック

離れた行の選択
左欄1の操作ように離れた行を選択するには、Ctrlキーを押しながら次の行をクリックします。

2 [ホーム]タブの[罫線]ボタンの[▼]をクリックします。

3 [線種とページ罫線と網かけの設定]を選択します。

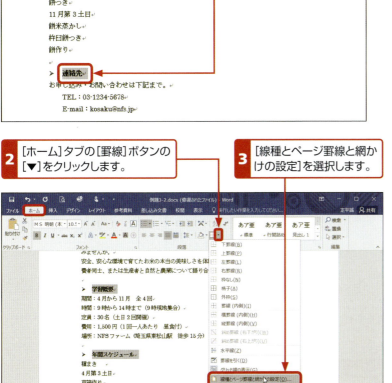

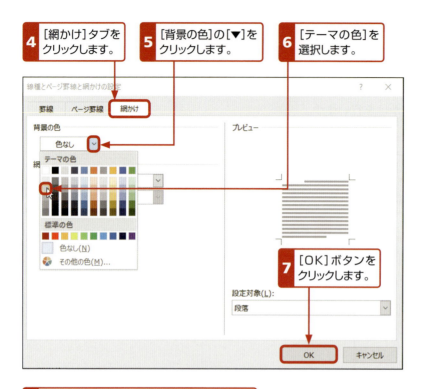

文字だけに網かけ
選択した文字だけに網かけを設定したい場合は、[ホーム]タブにある[文字の網かけ]ボタンから設定を行います（66ページ参照）。

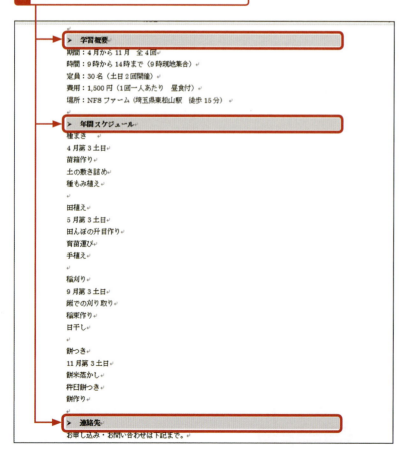

●上罫線を設定する

行の上端全体に罫線を引きます。

1 上罫線を設定する行を選択します。

2 [ホーム]タブの[罫線]ボタンの[▼]をクリックします。

3 [上罫線]を選択します。

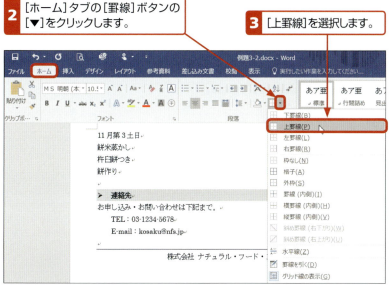

左欄 **3** の操作で、[下罫線]を選択すると、行の下端全体に罫線が引かれます。

4 選択した行に上罫線が付きます。

3 ▸▸ 余白を設定する

　左右、上下の余白を設定します。特に、右側は広く余白をとり、後ほどそこにテキストデザインをしていきます。

1 [レイアウト]タブの[余白]ボタンをクリックします。

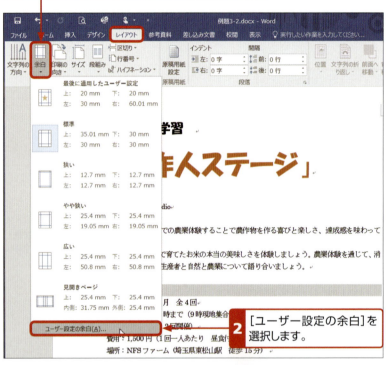

2 [ユーザー設定の余白]を選択します。

3 [余白]タブをクリックします。

4 上下、左右の余白を設定します(ここでは「上下20mm」「左15mm」「右50mm」)。

5 [OK]ボタンをクリックします。

6 指定した余白が設定されます。

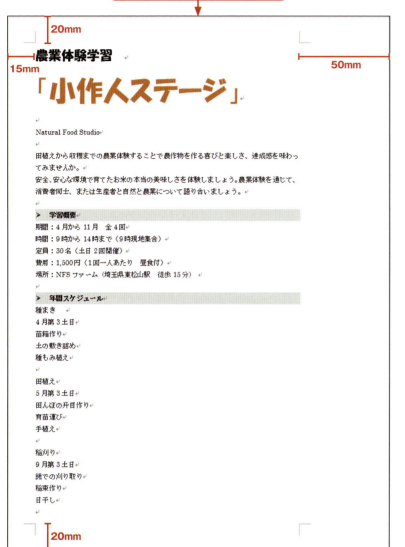

ユーザー設定の余白

初期状態の余白(標準)は、上下（35mm、30mm）、左右（30mm、30mm）です。チラシやポスターを作る場合は、余白をもう少し狭く設定する（上下左右10〜20mmくらい）ことをおすすめします。

右余白を広くとったので、文字の折り返しや行の行全体の網かけの幅も変わります。

4 ▶▶ テキストボックスで文字をデザインする

「Natural Food Studio」の文字を、テキストボックスに変換し、右余白に回転させ大きく表示します。フォントカラーは、薄いグレーで透かし文字のようにデザインします。

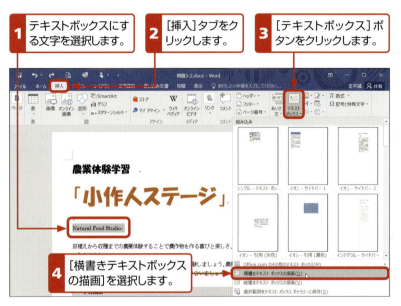

1. テキストボックスにする文字を選択します。
2. [挿入]タブをクリックします。
3. [テキストボックス]ボタンをクリックします。
4. [横書きテキストボックスの描画]を選択します。

チェック ✓

文字編集モードと図形編集モードの違い
テキストボックスには、文字の編集とボックスの編集（移動、回転、コピー、削除など）の2つのモードがあります。テキストボックス内でクリックすると「文字編集モード」に、枠線をクリックすると「テキストボックス編集モード」になります。

5. 選択した文字がテキストボックスで入力された状態になります。

6. フォントを[Century]、フォントサイズ[65]、フォントの色を[薄いグレー]にします。

PART2　Chapter3　ビジュアル要素を設定しよう

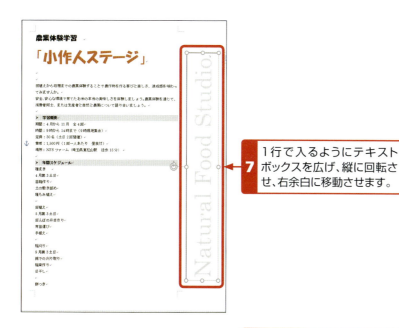

テキストボックスの拡大／縮小
テキストボックスを選択状態にして、四隅に表示されるハンドルにマウスポインターを合わせ、拡大する場合は外側に、縮小する場合は内側にドラッグします。

テキストボックスの移動
テキストボックスを選択状態にして、枠線にマウスポインターを合わせ、ドラッグします。

テキストボックスの回転
テキストボックスを選択状態にして、上部中央の回転マークにマウスポインターを合わせ、回転させます。

7　1行で入るようにテキストボックスを広げ、縦に回転させ、右余白に移動させます。

8　[書式]タブをクリックします。

9　[図形の枠線]ボタンをクリックします。

10　[線なし]を選択します。

参考　テキストボックスのテンプレート

　[挿入]タブの[テキストボックス]を選択すると、右のようなテキストボックスのテンプレートも表示されます。
　これらのデザインされたテキストボックスを選択し、テキスト入力することもできます。

テンプレート

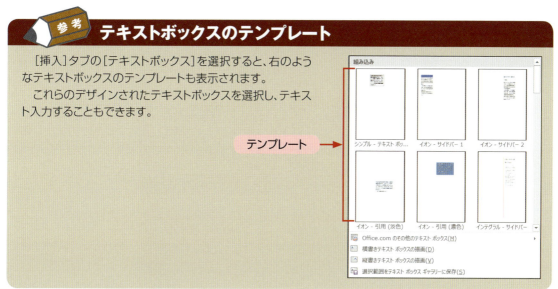

11 テキストボックスの枠線がなくなります。

農業体験学習
「小作人ステージ」

田植えから収穫までの農業体験することで農作物を作る喜びと楽しさ、達成感を味わってみませんか。
安全、安心な環境で育てたお米の本当の美味しさを体験しましょう。農業体験を通じて、消費者同士、または生産者と自然と農業について語り合いましょう。

▶ 学習概要
期間：4月から11月　全4回
時間：9時から14時まで（9時現地集合）
定員：30名（土日 2回開催）
費用：1,500円（1回一人あたり　昼食付）
場所：NFSファーム（埼玉県東松山駅　徒歩15分）

▶ 年間スケジュール
種まき
4月第3土日
苗箱作り
土の敷き詰め
種もみ植え

田植え
5月第3土日
田んぼの升目作り
育苗運び
手植え

稲刈り
9月第3土日
鎌での刈り取り
稲束作り
日干し

餅つき

Natural Food Studio

5 ▶▶ Smart Artでデザインをする

　年間スケジュールの内容を削除し、Smart Artを使ってチャートデザインをします。

用語 　Smart Art
Smart Artには「リスト」、「手順」、「循環」、「階層構造」、「集合関係」、「マトリックス」、「ピラミッド」、「図」の8分類、80種類以上が用意されています。目的用途に応じて、利用してみましょう。図表の表現力が一段と増します。

●Smart Artを挿入する

1 Smart Artを挿入したい位置にカーソルを置きます。

2 [挿入]タブをクリックします。

3 [Smart Art]ボタンをクリックします。

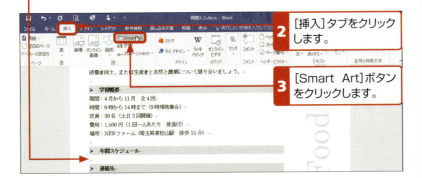

4 Smart Artの種類(ここでは[手順])を選択します。

5 目的のデザインを選択します。

6 [OK]ボタンをクリックします。

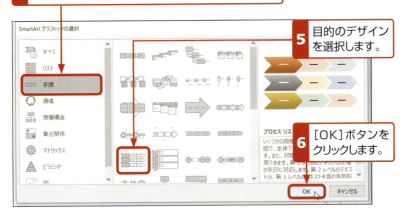

7 選択したSmart Artが表示されます。

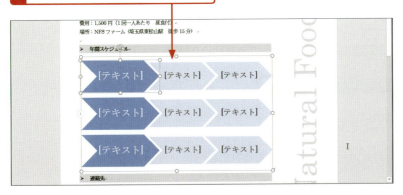

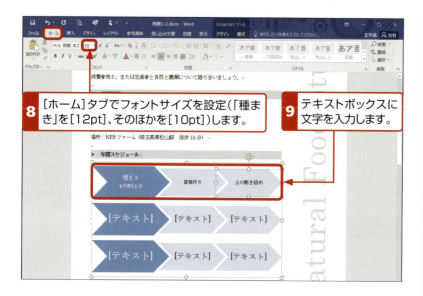

●Smart Artの図形を追加する

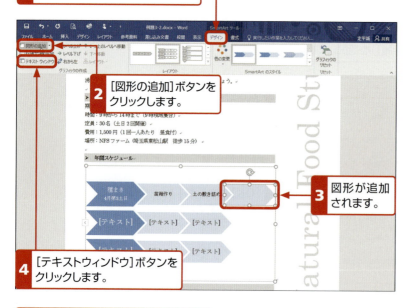

Smart Artのデザインを選択した後、その図形の数は自由に追加することができます。

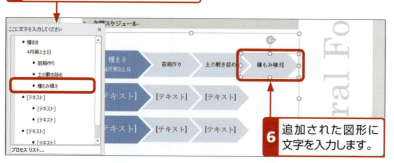

PART 2　Chapter 3　ビジュアル要素を設定しよう

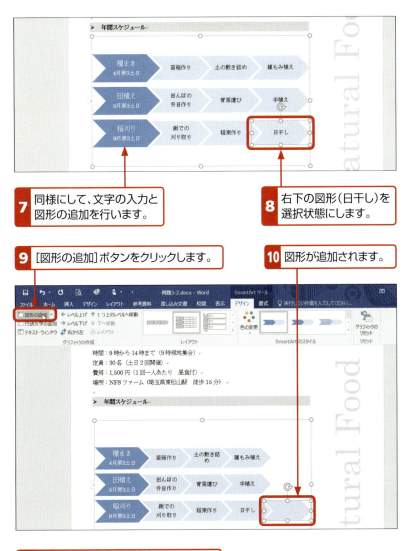

7 同様にして、文字の入力と図形の追加を行います。

8 右下の図形（日干し）を選択状態にします。

9 [図形の追加]ボタンをクリックします。

10 図形が追加されます。

11 [レベル上げ]ボタンをクリックします。

12 図形が下に下がり一行増えます。

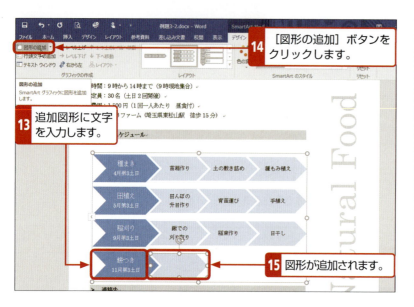

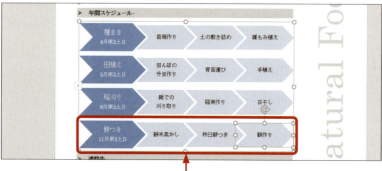

●Smart Artのスタイルを変更する

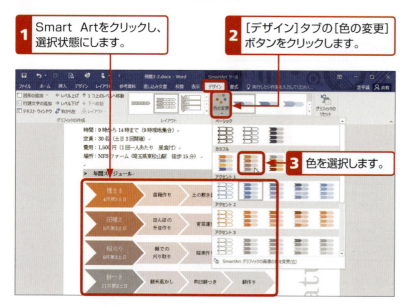

注意

Smart Artをクリックして、選択状態にすると、［デザイン］タブと［書式］タブが表示されます。選択状態を解除すると、［デザイン］タブと［書式］タブは消えます。

4 Smart Artのスタイルも[▼]をクリックして、選択します。

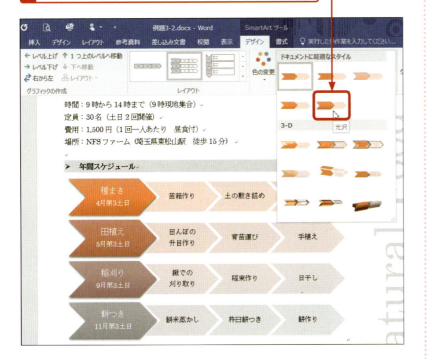

> **チェック**
> **Smart Artの
> レイアウト変更**
> [デザイン]タブの[レイアウト]グループから変更することができます。

5 Smart Artのスタイルが変更されます。

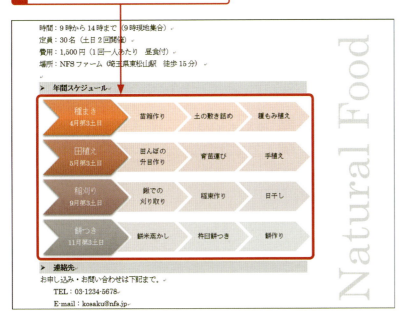

6 ▶▶ 画像を挿入する

　イラストや写真を入れることで、よりイメージ効果が高まります。ここでは、パソコン内の「ピクチャ」フォルダーからオリジナルのイラストや写真を挿入します。

●画像を挿入する

1 画像を挿入する位置をクリックします。
2 [挿入]タブの[画像]ボタンをクリックします。

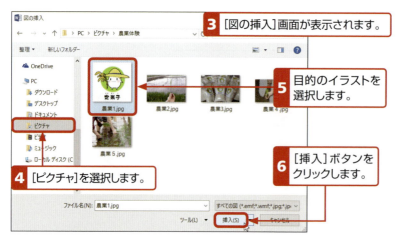

3 [図の挿入]画面が表示されます。
4 [ピクチャ]を選択します。
5 目的のイラストを選択します。
6 [挿入]ボタンをクリックします。

ここで使用しているイラスト・写真は本書紹介のサポートページからダウンロードできます（2ページ参照）。

注意
オンライン画像の使用注意
オンライン画像には著作権が生じる場合があるので注意しましょう。フリー素材を使用するか、オリジナルの画像を使うことをおすすめします。

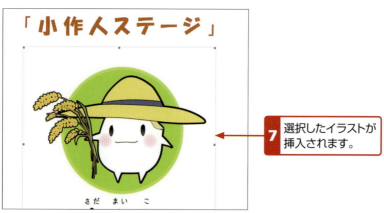

7 選択したイラストが挿入されます。

●文字の折り返しを設定する

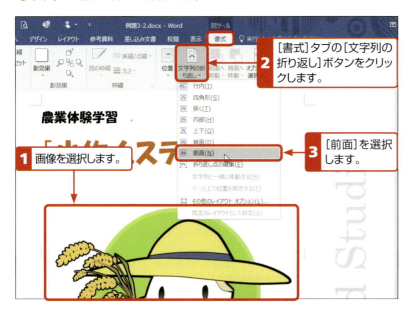

画像サイズの変更

画像を選択状態にした状態で四隅に表示されるハンドルにマウスポインターを合わせ、拡大する場合には外側に、縮小する場合は内側にドラッグします。

[レイアウトオプション]ボタン

画像を選択すると、右上隅に[レイアウトオプション]ボタンが表示されます。
左欄 2 の操作と同じ操作を行うことができます。

7 ▸▸ 画像を編集する

ここでは、写真データを挿入し、選択した状態から解説します。

●画像をトリミングする

1 [書式]タブをクリックします。　**2** [トリミング]ボタンをクリックします。

3 画像の外枠がトリミングの枠取りに替わります。

用語
トリミング
画像の一部を削除することをいいます。不要な部分を削除して重要な部分を引き立たせる場合に効果的です。

4 トリミングの枠取りにマウスポインターを合わせドラッグします。

チェック
この写真は「オンライン画像」で「読書 女性」をキーワードにWeb検索したものをサンプルとしています。

5 画像の外側でクリックするとトリミングが終了します。

●明るさ／コントラストを修整する

1 [書式]タブをクリックします。

2 [修整]ボタンをクリックします。

3 目的のイメージ（ここでは[明るさ：-20% コントラスト：+20%]）を一覧メニューから選択します。

4 明るさとコントラストが修整されます。

室内、夜景、逆光で暗くなった写真などを修整すると、かなり見栄えがよくなります。

●色を変更する

1 [書式]タブをクリックします。

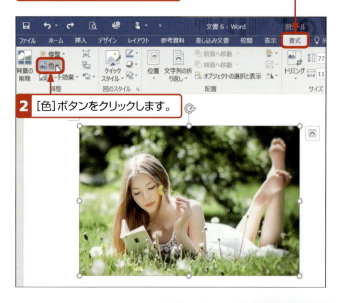

2 [色]ボタンをクリックします。

3 一覧メニューから色(ここでは[セピア])を選択します。

[ウォッシュアウト]にすると、画像が透かし絵の状態になります。

4 色が変更されます。

●アート効果を付ける

1 [書式]タブをクリックします。

2 [アート効果]ボタンをクリックします。

3 アート効果を一覧メニューから選択（ここでは[鉛筆:モノクロ]）します。

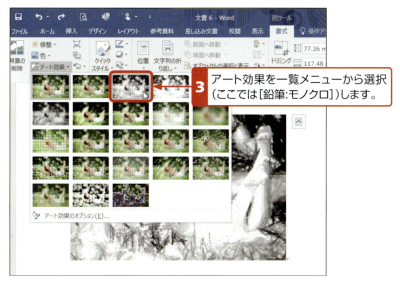

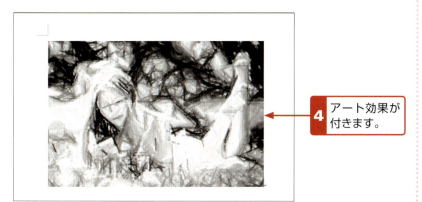

4 アート効果が付きます。

ぼかし、フィルム粒子、テクスチャライザーなど写真にアート効果を付けると、ユニークな写真表現ができます。

やってみよう！6 ▶▶

例題❸で作成したSmart Artを、別のSmart Artに変更してみましょう。

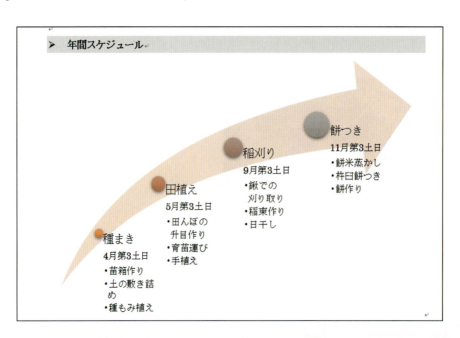

やってみよう！7 ▶▶

例題❸で挿入した写真を修整して、より見やすくしてみましょう。

※「やってみよう！6」「やってみよう！7」のファイルは、本書紹介のサポートページからダウンロードできます（2ページ参照）。

PART2　Chapter3　ビジュアル要素を設定しよう

可視性の高い
デザインをしよう

学習のポイント
- 離れたところからでも注意を引くデザインを学びます。
- テキストボックス、図形、グラデーション、写真やイラストを使って、イメージを一目で伝えるデザインを学びます。

 ポスターを作ろう

完成例

今年も青年会主催の夏祭りイベントを実施します。
今回の目玉は「天然かき氷」！
イベントには賞品もあるのでお楽しみに！

イベント好き　集まれ！
時給 ￥1000 交通費、昼食 支給

アルバイト募集

夏祭りイベント　かき氷

日　　時：8月1日〜20日　9:00-18:00
開催場所：代々木公園イベント広場
連　絡　先：abc@72-maturi.tokyo

※「例題04」のサンプルファイルは、本書紹介のサポートページからダウンロードできます（2ページ参照）。

1 ▶▶ 印刷の向きを横にする

　Wordの初期設定では、印刷の向きが［縦］になっていますが、印刷の向きを［横］にして、紙面レイアウトしてみましょう。

1 新規文書を開き[レイアウト]タブをクリックします。

チェック

新規文書を開く
［ファイル］タブをクリックし、［新規］を選択すると新規文書を開くことができます。

2 [印刷の向き]ボタンをクリックし、[横]を選択します。

3 印刷の向きが[横]に設定されます。

参考 ［ページ設定］ダイアログボックスでの設定

　[レイアウト]タブの[ページ設定]グループの右下端の🗔 をクリックすると、[ページ設定]ダイアログボックスが表示されます。[余白]タブをクリックし、[印刷の向き]で[横]を設定することもできます。

2 ▶▶ 基本デザインをする

「例題04」のポスターの文章を入力しましょう。

入力したポスターの文章を次のように基本デザインしましょう。

左図の文書は、本書紹介のサポートページからダウンロードできます（2ページ参照）。
入力データ　　「例題04-1」
基本デザイン　「例題04-2」
テキストボックスレイアウト
　　　　　　　「例題04-3」
完成デザイン　「例題04-4」

左図の基本デザインで使用しているフォントや設定は、以下の通りです。詳しい設定は、「例題04-2」を参照してください。

使用フォント
・HGP創英角ポップ体
・HGP創英角ゴシックUB
・HG丸ゴシックM-PRO

フォントサイズ
・85pt
・60pt
・48pt
・36pt
・32pt
・28pt
・24pt
・18pt

フォントの色
・黒
・オレンジ
・薄い青

3 ▶▶ テキストボックスでレイアウトする

●テキストボックスで文字を配置する

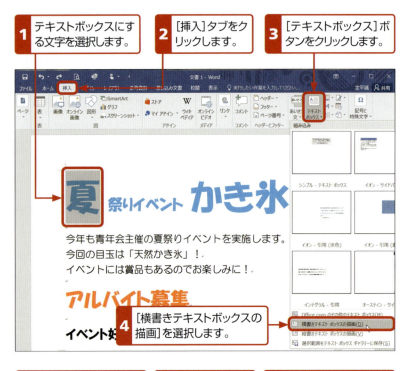

テキストボックスで文字を表記すると、位置を自由に調整できるので、紙面レイアウトが上手にできます。チラシやポスターの文字のデザインやレイアウトをする場合におすすめです。

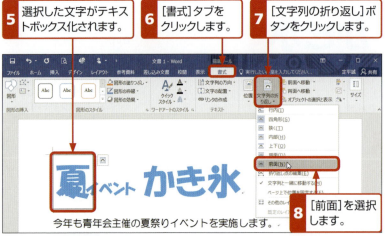

テキストボックスの［文字列の折り返し］を［行内］以外に設定すると、余白部分にもテキストボックスを配置することができます。

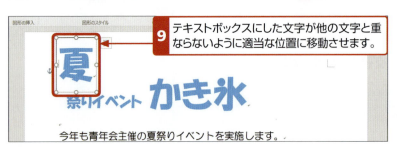

テキストボックス化すると、他の文字と重なってしまうことがあります。他の文字と重ならないように適当な位置に移動させましょう。

PART2 | Chapter3 ビジュアル要素を設定しよう

10 同様に他の文字もテキストボックス化し、他の文字と重ならないように適当な位置に移動させます。

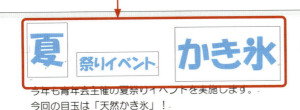

テキストボックスの移動
テキストボックスを選択状態にして、枠線にマウスポインターを合わせ、ドラッグします。

11 すべての文字をテキストボックス化させ、次のように移動させ、レイアウトします。

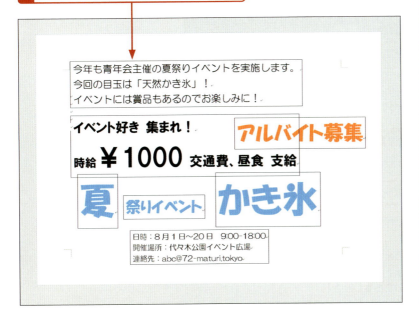

A4の用紙サイズの場合、ポスターは［印刷の向き］を［横］にすることをおすすめします。文字を大きく表記できるので、アイキャッチ効果も高めることができます。

参考 ポスターのアイキャッチのポイント

　イメージを一目で伝え、見た人の注意を引くことをアイキャッチといいます。特にポスターデザインはアイキャッチが重要です。写真やイラストだけでなく、文字も次のようにデザインすると効果的です。

①文字にメリハリを付ける
・文字の書体を使い分ける。
・文字の色、文字効果でアクセントを付ける。
・文字の大きさにメリハリを付ける。

② 3mと30cmの距離で見る文字をデザインする
・タイトルやキャッチコピーは、3mの距離（道を歩いていて）から見て目につく文字にする（フォントサイズ60pt以上を推奨）。
・説明内容、解説、コメントは、30cmの距離（近寄ってきて）から読みやすい文字にする（可視文字は20pt以上推奨、可読文字は9～14pt程度）。

●テキストボックスの塗りつぶしと枠線をなくす

1 [書式]タブをクリックします。

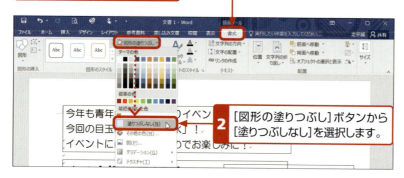

2 [図形の塗りつぶし]ボタンから[塗りつぶしなし]を選択します。

 チェック

テキストボックスの塗りつぶしや枠線をなくすと文字だけになり、図形や写真などと重ね合わせた表現ができるようになります。

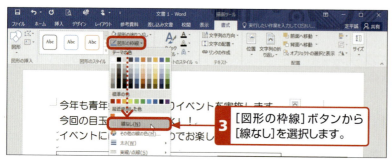

3 [図形の枠線]ボタンから[線なし]を選択します。

4 テキストボックスの塗りつぶしと枠線がなくなります。

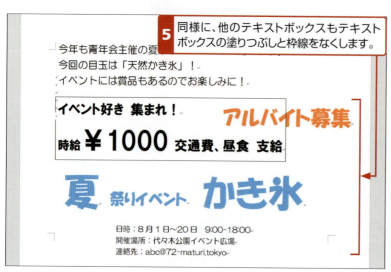

5 同様に、他のテキストボックスもテキストボックスの塗りつぶしと枠線をなくします。

 チェック

左欄 **5** の操作では、一か所だけテキストボックスの塗りつぶしと枠線をなくさずにそのままにしてあります。ここは、後ほどテキストボックスのデザインをします。

4 ▶▶ 均等割り付けをする

複数の項目が列挙されているような場合は、文字列を揃えて表示すると見栄えがよくなります。

均等割り付け
指定した文字数などの範囲に文字を均等に割り付けることをいいます。

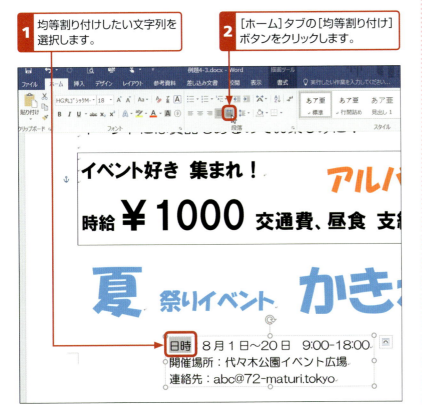

1. 均等割り付けしたい文字列を選択します。
2. [ホーム]タブの[均等割り付け]ボタンをクリックします。

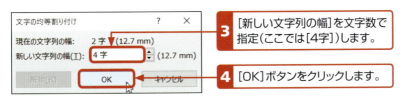

3. [新しい文字列の幅]を文字数で指定(ここでは[4字])します。
4. [OK]ボタンをクリックします。

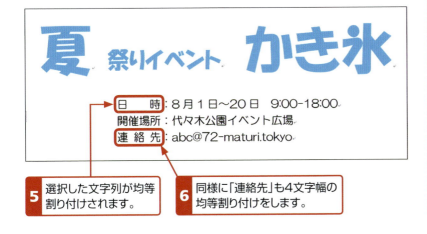

5. 選択した文字列が均等割り付けされます。
6. 同様に「連絡先」も4文字幅の均等割り付けをします。

均等割り付けの解除
解除したい文字列を選択して、[均等割り付け]ボタンをもう一度クリックし、[文字の均等割り付け]ダイアログボックスの[解除]ボタンをクリックします。

5 ▶▶ 割注を設定する

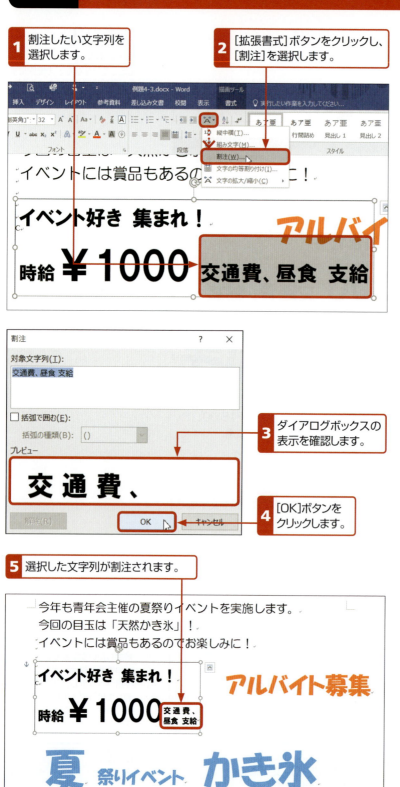

用語

割注
1行の中に小さくした文字列を2行で表示する機能をいいます。

6 ▶▶ 図形を挿入する

●線を引く

1 [挿入]タブをクリックします。

2 [図形]ボタンをクリックし、[線]の[直線]ボタンを選択します。

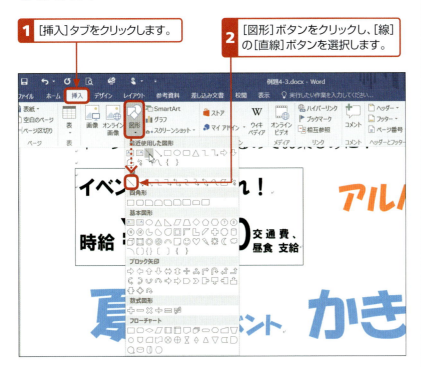

3 マウスポインターが[+]の形に変わるので、線を始点から終点までドラッグします。

4 線が引かれます。

水平・垂直の線を引く

Shift キーを押しながら線を引くと45度単位で直線の角度が移動します。水平・垂直線を引く時に使っても便利です。

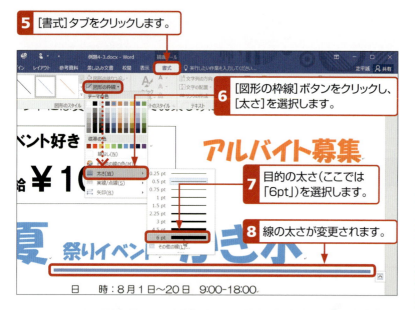

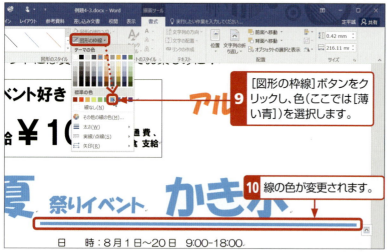

チェック

線のスタイルの変更
線のスタイルを変える場合は、[書式]タブの[図形の枠線]ボタンの[実線/点線]をクリックして線のスタイルを選択します。

参考 その他の色の設定

[テーマの色][標準の色]のパレット以外の色を指定したい場合は、[その他の線の色]を選択します。
[色の設定]画面が開いたら、目的の色を選択します。

●円を描く

「夏」の文字を図形の円を使って囲み文字にします。

1 [挿入]タブをクリックします。

2 [図形]ボタンをクリックし、[楕円]を選択します。

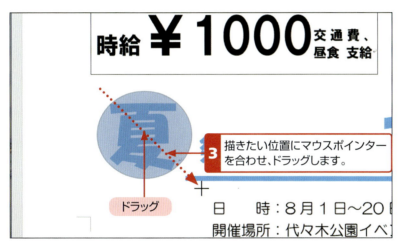

3 描きたい位置にマウスポインターを合わせ、ドラッグします。

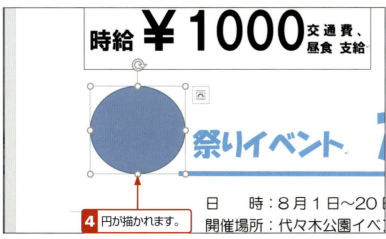

4 円が描かれます。

正方形・真円を描く
キーボードの Shift キーを押しながら描きます。

図柄の種類
[図形]ボタンをクリックすると、100種類以上の図柄が表示されます。これらの図柄は、四角形や楕円と同じ操作で描くことができます。

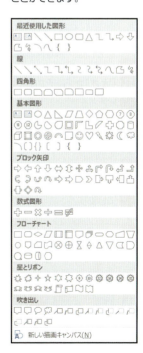

5 [書式]タブをクリックします。

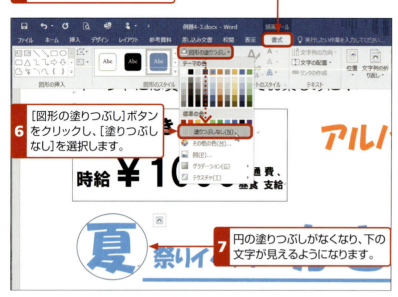

6 [図形の塗りつぶし]ボタンをクリックし、[塗りつぶしなし]を選択します。

7 円の塗りつぶしがなくなり、下の文字が見えるようになります。

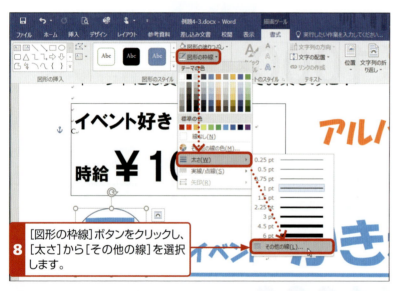

8 [図形の枠線]ボタンをクリックし、[太さ]から[その他の線]を選択します。

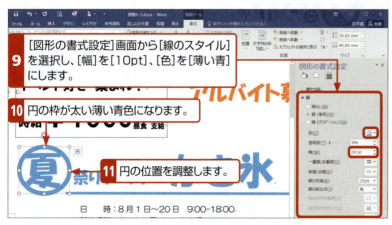

9 [図形の書式設定]画面から[線のスタイル]を選択し、[幅]を[10pt]、[色]を[薄い青]にします。

10 円の枠が太い薄い青色になります。

11 円の位置を調整します。

チェック

図形の位置の微調整

移動したい図形を選択状態にして、[Ctrl]キーを押しながら矢印キーを押すと、矢印方向に微動します。

PART2 Chapter3 ビジュアル要素を設定しよう

●四角形を描く

1 [挿入]タブをクリックします。

2 [図形]ボタンをクリックし、[正方形/長方形]を選択します。

3 描きたい位置にマウスポインターを合わせ、ドラッグします。

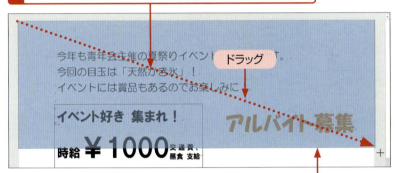

ドラッグ

4 四角形が描かれます。

●図形にグラデーションを付ける

1 [書式]タブをクリックします。

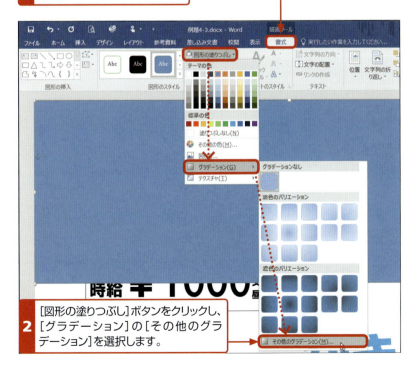

2 [図形の塗りつぶし]ボタンをクリックし、[グラデーション]の[その他のグラデーション]を選択します。

用語

グラデーション
異なる2色の間で滑らか、かつ段階的に変化させていく配色のことをいいます。

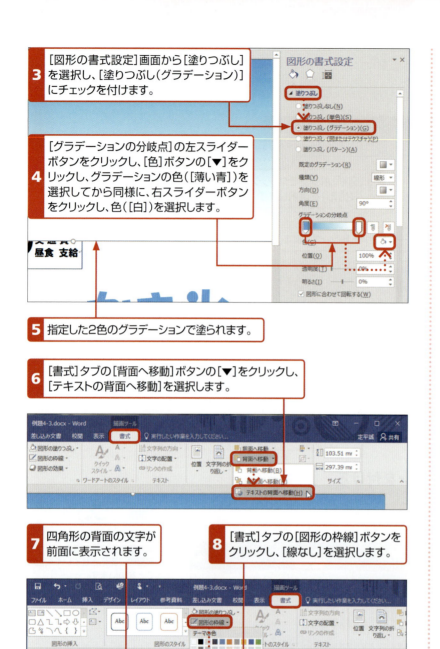

グラデーションの2色の色の設定
左欄 4 の操作で、[グラデーションの分岐点]の左右のスライダーボタン以外は、ここでは設定しないので削除します。

図形の重なり順序の変更
左欄 6 の操作のように、図形の重なり順序を変更する場合は、[書式]タブの[前面へ移動]ボタン、または[背面へ移動]ボタンをクリックし、メニューから目的のタイプを選択します。

PART2　Chapter3　ビジュアル要素を設定しよう

●基本図形でデザインする

ここでは、グラデーションを付けた四角形の上に、白抜きしたイメージの太陽のイラストを貼り付けます。

1 [挿入]タブをクリックします。

2 [図形]ボタンをクリックし、[基本図形]の[太陽]を選択します。

ここでは、基本図形の「太陽」を使用しましたが、ほかにもいろいろな図柄がありますので、試してみてください。

3 描きたい位置にマウスポインターを合わせ、ドラッグします。

4 太陽が描かれます。

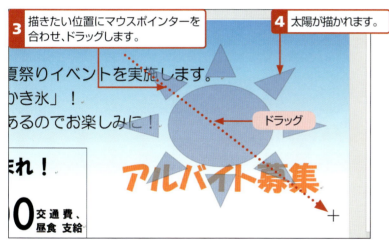

5 [書式]タブをクリックします。

6 [背面へ移動]ボタンの[▼]をクリックし、[テキストの背面へ移動]を選択します。

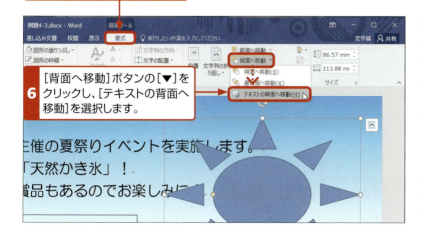

7 太陽がテキストの背面にまわり、下の文字が見えるようになります。

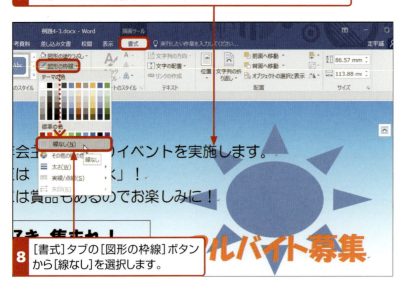

8 [書式]タブの[図形の枠線]ボタンから[線なし]を選択します。

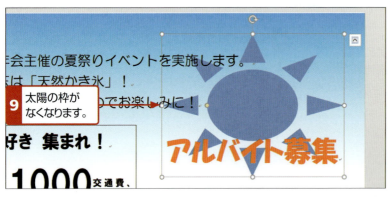

9 太陽の枠がなくなります。

10 [書式]タブの[図形の塗りつぶし]ボタンの[白]を選択します。

11 太陽の塗りつぶしが[白]になります。

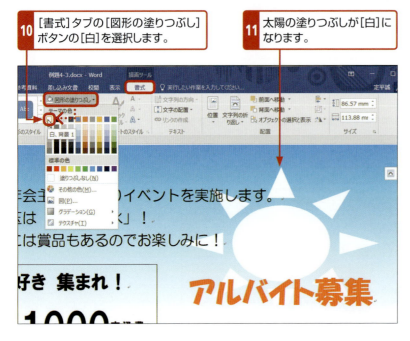

●図形を回転させる

ここでは、「アルバイト募集」を回転させます。

1 回転させる図形を選択します。

図形やテキストボックスのほかにも、写真やイラストでも回転を行うことができます。

2 図形のハンドル(⟲)にマウスポインターを合わせます。

3 ドラッグしたまま回転させます。

4 図形が回転します。

●図形をグループ化する

複数の図形を組み合わせて作った地図を一つの図形として認識するようにグループ化しましょう。

1 [四角形]と[太陽]をクリックして選択状態にします。

2 [書式]タブの[オブジェクトのグループ化]ボタンの[グループ化]を選択します。

3 選択された図形がグループ化されます。

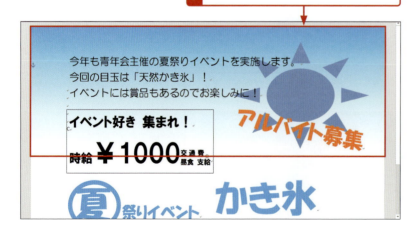

複数の図形を連続して選択する
最初の図形を選択した後、Shiftキー押したまま、次の図形を選択します。

グループ化を解除する
グループ化した図形を選択し、[書式]タブの[オブジェクトのグループ化]ボタンから[グループ解除]を選択します。

グループ化した図形の拡大／縮小
グループ化した図形を選択し、四隅にあるハンドルにマウスポインターを合わせドラッグすると、グループ化した図形の拡大／縮小をすることができます。

PART 2　Chapter3　ビジュアル要素を設定しよう

7 ▶▶ テキストボックスのスタイルを変更する

　ここでは、テキストボックスの「塗りつぶし」や「枠線」を使って、文字ボックスと文字をデザインしてみましょう。

1 目的のテキストボックスをクリックして選択します。

2 ［書式］タブの［図形のスタイル］の をクリックします。

3 目的の図形のスタイルを選択します。

4 選択したテキストボックスのスタイルに変更されます。

8 ▶▶ モニターの画像を文書内に貼り付ける

スクリーンショット機能を使って、モニターに表示されている画面の画像の一部を文書に貼り付けてみましょう。ここでは、地図を貼り付けます。

用語
スクリーンショット
モニターに表示されている画面やその一部をそのまま画像として保存する機能をいいます。

1 ブラウザーを起動して、[代々木公園 園内マップ]をキーワード検索し、次の地図を表示します。

2 [挿入]タブをクリックします。

3 [スクリーンショット]ボタンをクリックし、[画面の領域]を選択します。

4 ドラッグして、目的の領域を選択します。

PART2 Chapter3 ビジュアル要素を設定しよう

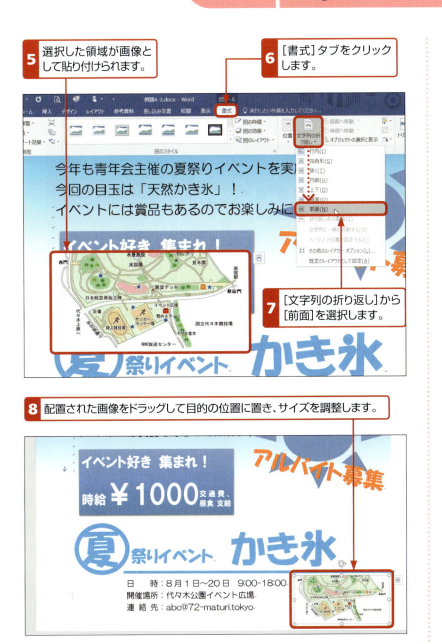

8 配置された画像をドラッグして目的の位置に置き、サイズを調整します。

参考 ウィンドウ全体を貼り付ける方法

スクリーンショットを使ってウィンドウ全体を貼り付けたい場合、次の操作を行います。

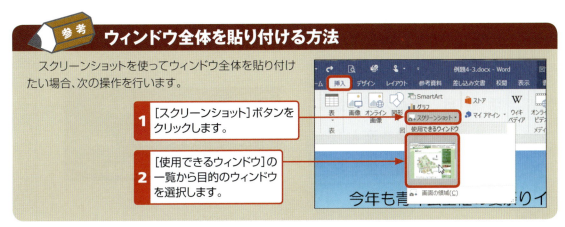

やってみよう！ 8 ▶▶

次の「軽音楽部部員募集」のポスターを作ってみましょう。

軽音楽部
部員募集

👍 バンドに興味がある！

👍 楽しいことがしたい！

👍 仲間と一緒にがんばりたい！

そんな人は是非、一緒に活動してみませんか！？

活 動 日：毎週火曜・金曜	
活動場所：音楽教室A	
顧　　問：福山先生	

連絡先　部長：秋元康夫
XXXX@e-mail.com
090-1234-5678

やってみよう！ 9

次の「アルバイト募集」のポスターを作ってみましょう。

やってみよう！ 10

次の「くしもと観光案内」のポスターを作ってみましょう。

※「やってみよう！8」「やってみよう！9」「やってみよう！10」のファイルは、本書紹介のサポートページからダウンロードできます（2ページ参照）。

Lesson 1 段組みを使ってレイアウトしよう

学習のポイント
- 段組みを使ったレイアウト方法について学びます。
- 印刷の向きを[横]にして、2段組みのレイアウト構成について学びます。

 リーフレットを作ろう

完成例

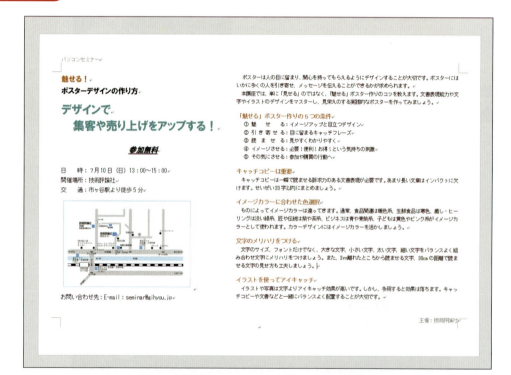

※「例題05」のサンプルファイルは、本書紹介のサポートページからダウンロードできます(2ページ参照)。

PART2 Chapter4 レイアウトを設定しよう

1 ▶▶ 基本デザインをする

「例題05」のリーフレットの文章を入力しましょう。

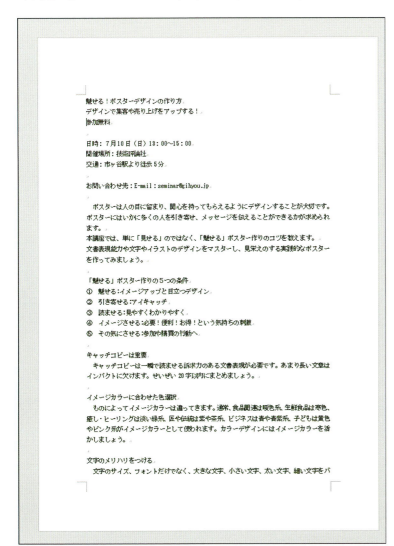

チェック ✓

左図の文書は、本書紹介のサポートページからダウンロードできます（2ページ参照）。
入力データ　「例題05-1」
基本デザイン　「例題05-2」
完成デザイン　「例題05-3」

入力したリーフレットの文章を次のように基本デザインしましょう。

詳しい設定は「例題05-2」のファイルで確認してください。

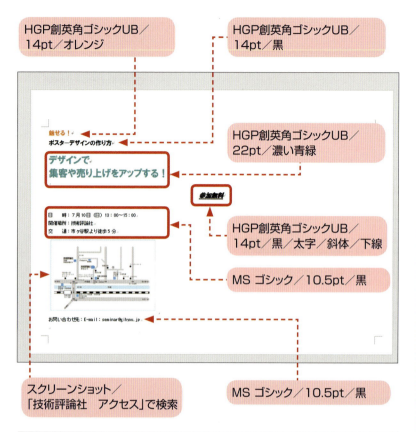

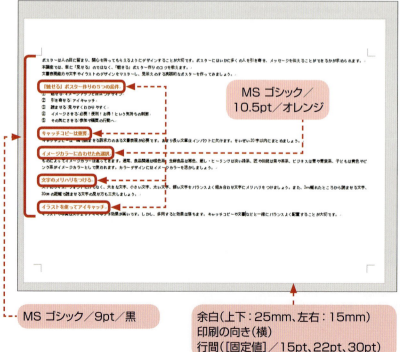

2 ▶▶ 段組みを設定する

まずは、段組みの設定を行います。

1 ［レイアウト］タブをクリックします。

2 ［段組み］ボタンをクリックし、［2段］を選択します。

3 文書全体が2段組に変更されます。

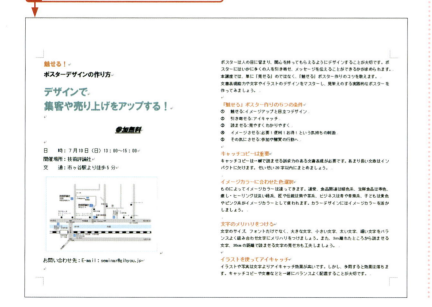

一部を段組み
文書の一部を段組みにする場合は、範囲設定を行ってから左欄 **2** の操作をします。

段組みの解除
段組みを1段に設定すれば、解除されたことになります。

●段の幅を変更する

左右の段幅を自由に変更し、レイアウトすることができます。

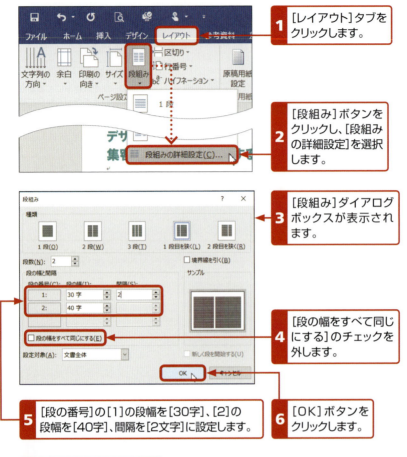

1 [レイアウト]タブをクリックします。

2 [段組み]ボタンをクリックし、[段組みの詳細設定]を選択します。

3 [段組み]ダイアログボックスが表示されます。

4 [段の幅をすべて同じにする]のチェックを外します。

5 [段の番号]の[1]の段幅を[30字]、[2]の段幅を[40字]、間隔を[2文字]に設定します。

6 [OK]ボタンをクリックします。

注意
段幅の設定は、字数での設定を確定すると、数値がずれることがあります。

7 段の幅が変更されます。

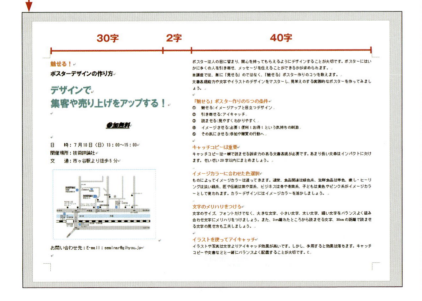

PART2 Chapter4 レイアウトを設定しよう

3 ▶▶ ヘッダーとフッターを付ける

●ヘッダーを表示する

1 [挿入]タブをクリックします。

2 [ヘッダー]ボタンをクリックして、デザイン（ここでは[空白]）を選択します。

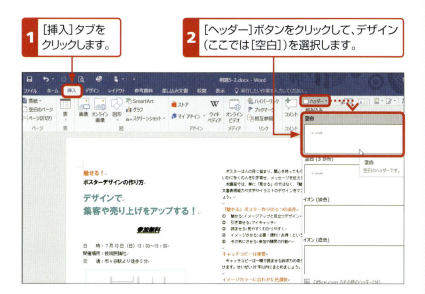

用語

ヘッダーとフッター
文書の毎ページの欄外に表示される文字で、文書の上部を「ヘッダー」、下部を「フッター」といいます。

3 フォントを変更（ここでは「MSゴシック」）します。

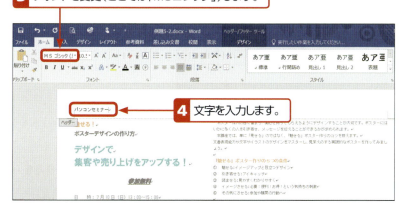

4 文字を入力します。

チェック

ヘッダーの編集と削除
ヘッダーの内容を変更したい場合やヘッダーを削除したい場合は、[ヘッダー]ボタンをクリックして、メニュー下の[ヘッダーの編集][ヘッダーの削除]を選択します。

5 Escキーを押して編集画面に戻ります。

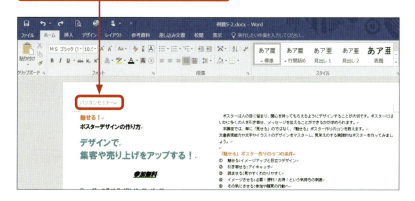

●フッターを表示する

1 [挿入]タブをクリックします。

2 [フッター]ボタンをクリックして、デザイン(ここでは[空白])を選択します。

3 フォントを変更(ここでは「MSゴシック」)します。

4 [右揃え]ボタンをクリックします。

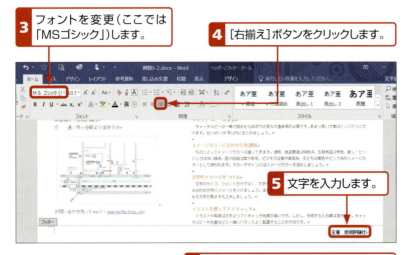

5 文字を入力します。

6 Escキーを押して編集画面に戻ります。

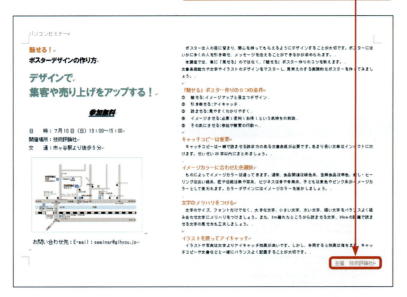

> **チェック**
>
> **フッターにページ番号を表示させる**
>
> [挿入]タブをクリックし、[ページ番号]ボタンをクリックして、ページ番号の位置とデザインを決めます。
>
>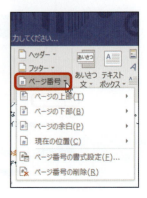

PART2 Chapter4 レイアウトを設定しよう

やってみよう！11 ▶▶

　例題05で作成した2段組みの段幅を、左25文字、右45文字に変更してみましょう。また、段幅に合わせてタイトル文字のサイズも調整しましょう。

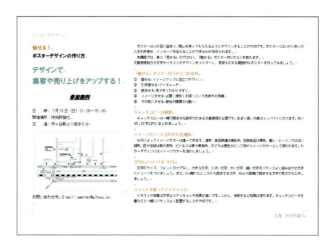

やってみよう！12 ▶▶

　例題05で作成した2段組みのレイアウトを3段組みのレイアウトにしてみましょう。段幅は、左28文字、中央20文字、右20文字にします。

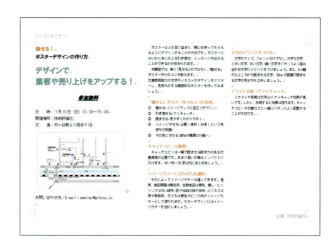

※「やってみよう！11」「やってみよう！12」のファイルは、本書紹介のサポートページからダウンロードできます（2ページ参照）。

Lesson 2 縦書きのレイアウトをしよう

学習のポイント
- 縦書きの2段組みでレイアウトする方法を学びます。
- ドロップキャップや縦中横を使ってデザインする方法を学びます。

例題 06 縦書き2段組みレイアウトを作ろう

完成例

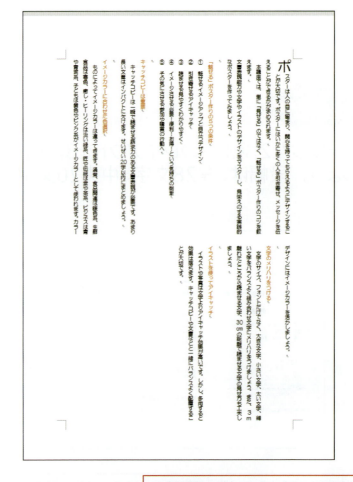

※「例題06」のサンプルファイルは、本書紹介のサポートページからダウンロードできます（2ページ参照）。

PART 2　Chapter4　レイアウトを設定しよう

1 ▶▶ 基本デザインをする

　前項の「例題05-1」の文書データに追加、削除を加え、次のように基本デザインしましょう。

　ここでは、フォントは「HG丸ゴシックM-PRO」、フォントサイズは「9pt」、フォントカラーは、「黒」「オレンジ」を使用しています。

チェック ✓

左図の文書は、本書紹介のサポートページからダウンロードできます（2ページ参照）。
入力データ　　「例題06-1」
基本デザイン　「例題06-2」
完成デザイン　「例題06-3」

2 ▶▶ 文字を縦書き2段組みにする

1 [レイアウト]タブをクリックします。

2 [文字列の方向]ボタンをクリックし、[縦書き]を選択します。

3 文字列が縦書きに変換されます。

4 [印刷の向き]ボタンをクリックし、[縦]を選択します。

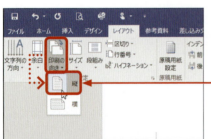

文字列を縦書きに変換すると、自動的に[印刷の向き]が[横]になります。

5 [段組み]ボタンをクリックし、[2段]を選択します。

6 2段組みに変換されます。

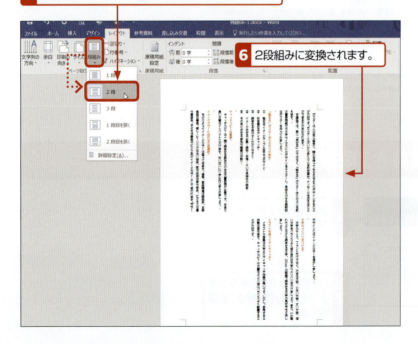

3 ▶▶ ドロップキャップを付ける

先頭の文字を拡大し、デザイン上のアクセントを付けます。

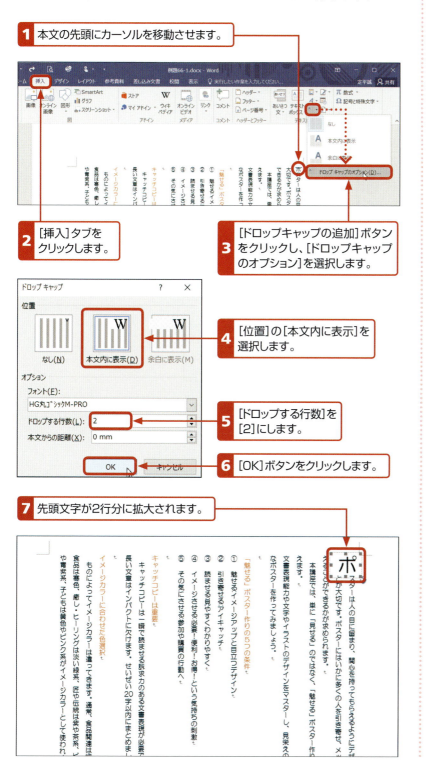

1 本文の先頭にカーソルを移動させます。

2 [挿入]タブをクリックします。

3 [ドロップキャップの追加]ボタンをクリックし、[ドロップキャップのオプション]を選択します。

4 [位置]の[本文内に表示]を選択します。

5 [ドロップする行数]を[2]にします。

6 [OK]ボタンをクリックします。

7 先頭文字が2行分に拡大されます。

左欄4の操作で、[本文内に表示]を選択すると、ドロップする行数が[3]の大きさで自動的に表示されます。ここでは、左欄5の操作でドロップする行数を[2]に設定しました。

4 ▶▶ 横向きになった半角文字を縦向きにする

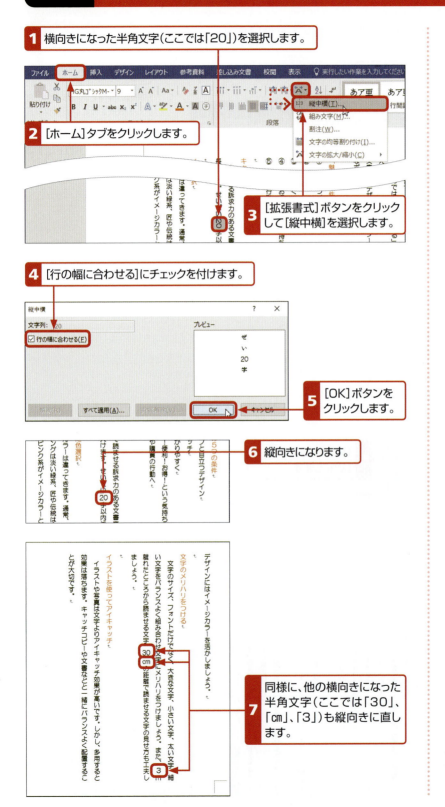

1 横向きになった半角文字(ここでは「20」)を選択します。

2 [ホーム]タブをクリックします。

3 [拡張書式]ボタンをクリックして[縦中横]を選択します。

4 [行の幅に合わせる]にチェックを付けます。

5 [OK]ボタンをクリックします。

6 縦向きになります。

7 同様に、他の横向きになった半角文字(ここでは「30」、「cm」、「3」)も縦向きに直します。

PART 2　Chapter 4　レイアウトを設定しよう

Lesson 3 余白を使ってレイアウトしよう

学習のポイント
- 余白を使った3段レイアウトについて学びます。
- 余白を広く設定し、その余白内に文書をレイアウトする方法を学びます。

例題 07　余白を使った3段レイアウトを作ろう

完成例

※「例題07」のサンプルファイルは、本書紹介のサポートページからダウンロードできます（2ページ参照）。

1 ▸▸ 余白を使ったレイアウト構成を作る

前項の完成デザイン「例題06-3」を使って、余白のレイアウトをします。

1 [レイアウト]タブをクリックします。

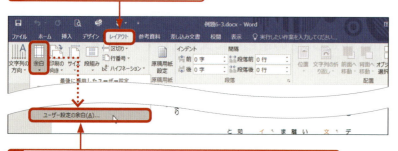

2 [余白]ボタンをクリックし、[ユーザー設定の余白]を選択します。

チェック

左図の文書は、本書紹介のサポートページからダウンロードできます（2ページ参照）。
完成デザイン 「例題07」

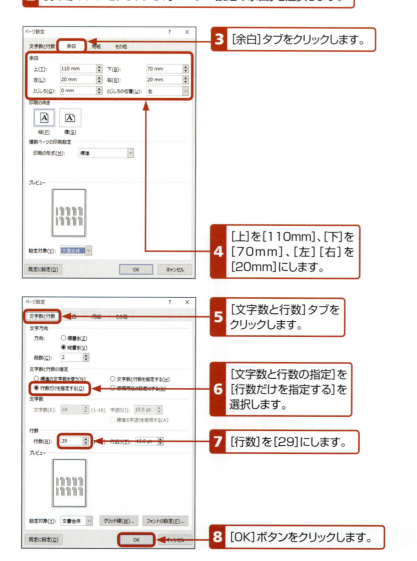

3 [余白]タブをクリックします。

4 [上]を[110mm]、[下]を[70mm]、[左][右]を[20mm]にします。

5 [文字数と行数]タブをクリックします。

6 [文字数と行数の指定]を[行数だけを指定する]を選択します。

7 [行数]を[29]にします。

8 [OK]ボタンをクリックします。

PART 2 　Chapter4 　レイアウトを設定しよう

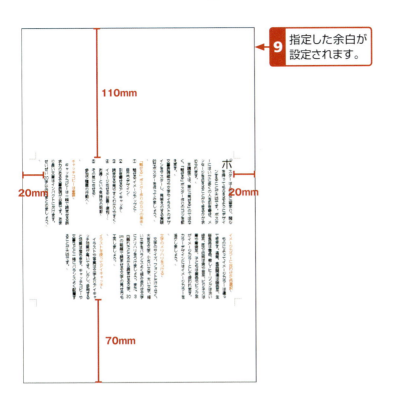

9 指定した余白が設定されます。

2 ▶▶ 余白にレイアウトする

●上段のレイアウト

1 テキストボックスを上端の両幅いっぱいの帯状に作り、「パソコンセミナー」と入力します。

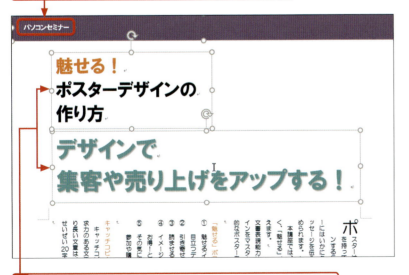

2 タイトルとキャッチコピーをそれぞれテキストボックスで入力し、レイアウトします。

左欄1の上段の帯状のテキストボックスは、［図形の塗りつぶし］で［紫色］。［文字の配置］を［上下中央揃え］にします。入力文字は［HG創英角ゴシックUB］、［10.5pt］で［白］にし、［左揃え］にします。

左欄2のテキストボックスは、［文字の折り返し］を［前面］にし、図形の枠線を［線なし］にしてから、余白にレイアウトします。

●下段のレイアウト

1. 円を挿入し、図形の内部に[参加無料]を入力し、影を付けます。

左欄2の下段の帯状のテキストボックスは、[図形の塗りつぶし]で[紫色]。[文字の配置]を[上下中央揃え]にします。フォントは、[HG創英角ゴシックUB]、フォントサイズは、[10.5pt]で、フォントカラーを[白]にし、[中央揃え]にします。

2. テキストボックスを下端の両幅いっぱいの帯状に作り、「主催：技術評論社」と入力します。

3. 講師内容とテキスト内容を、それぞれテキストボックスで入力し、レイアウトします。

左欄3のテキストボックスは、[文字の折り返し]を[前面]にし、図形の枠線を[線なし]にしてから、余白にレイアウトします。

4. テキストの画像を[技術評論社　標準テキスト]でWeb検索し、貼り付けます。

 フチなし全面印刷の設定

　上端、下端の帯状のテキストボックスを表示通りにきれいに印刷するためには、[印刷]の[プリンターのプロパティ]の設定で、「フチなし全面印刷」に設定してください。これを設定しないと印刷時に余白が取られるため、テキストボックスが欠けてしまいます。

PART2　Chapter4　レイアウトを設定しよう

Lesson 4 表を作成しよう

学習のポイント
- 作表と表の編集の方法を学びます。
- [表の挿入]、[セルの調整]、[罫線の変更]の機能を学びます。

例題 08　表を挿入しよう

完成例

※「例題08」のサンプルファイルは、本書紹介のサポートページからダウンロードできます（2ページ参照）。

1 ▸▸ 表を作成する

前項の「例題07」を使って、上部の余白に表を作成します。

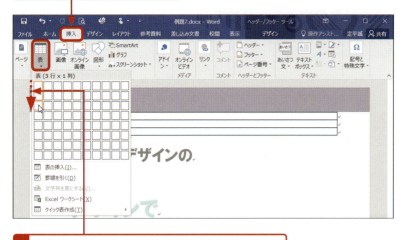

1. [挿入]タブをクリックします。
2. [表]ボタンをクリックして、下のマス目をドラッグして表の大きさ(ここでは「3行1列」)を決めます。

左図の文書は、本書紹介のサポートページからダウンロードできます(2ページ参照)。
完成デザイン 「例題08」

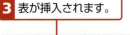

3. 表が挿入されます。

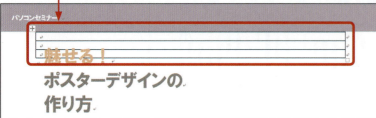

チェック

表は余白でも作成することができます。

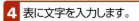

4. 表に文字を入力します。

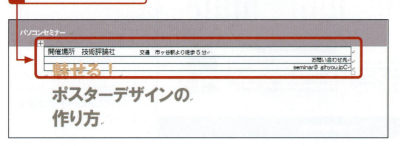

左欄4の入力文字は、フォントが[HG丸ゴシックM-PRO]、フォントサイズは[9pt]と[8pt]です。

PART2 Chapter4 レイアウトを設定しよう

●セルの幅を調整する

1 幅を調整したいセルの線上にマウスポインターを合わせると、マウスポインターの形が┿に変わります。

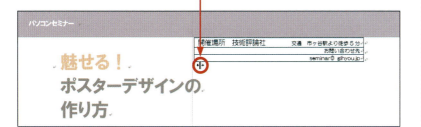

2 そのままドラッグしてセルの幅を調整します。

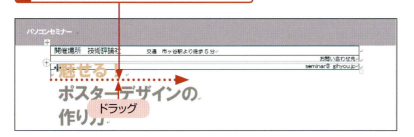

ドラッグ

●セルの高さを調整する

1 高さを調整したいセルの線上にマウスポインターを合わせ、ドラッグします。

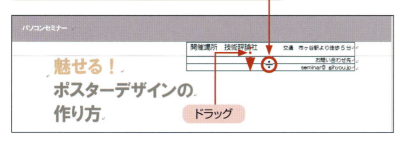

ドラッグ

2 セルの高さが調整されます。

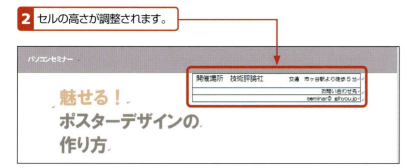

セル
表を構成するマス目1つ1つをセルといいます。

表の挿入を行うと、文字の入力範囲全体に作表されます。表やセルの幅、高さ、文字の配置位置を調整して、表を整えましょう。

●セル内の文字列の配置を変更する

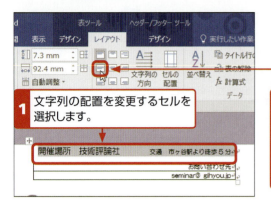

1 文字列の配置を変更するセルを選択します。

2 ［レイアウト］タブの［配置］から変更したい配置アイコン（ここでは［両端揃え（中央）］）を選択します。

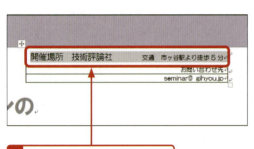

3 文字列配置が変更されます。

セル内の文字列の配置は、初期状態では、［両端揃え（上）］になっています。セルの幅を広げる場合は、［両端揃え（中央）］にすると文字列の配置バランスがよくなります。

参考 表の罫線の変更

線種を変更するセルを選択し、［デザイン］タブをクリックして、以下の操作を行います。

1. 線種を変更する

［ペンのスタイル］をクリックして、線種を選択します。

2. 線の太さを変更する

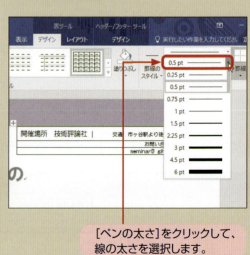

［ペンの太さ］をクリックして、線の太さを選択します。

2 ▶▶ 行と列を挿入する

　作表後、状況に応じて行や列を追加したい場合がでてきます。ここでは、行の挿入を行います。

●行を挿入する

1 挿入したい位置にある行の左端にマウスポインターを移動すると、⊕が表示されます。

2 この⊕をクリックすると、行が挿入されます。

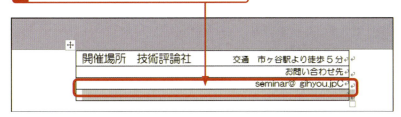

3 挿入された行に文字を入力します。

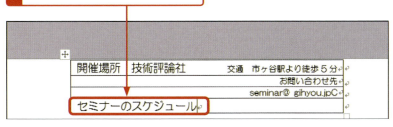

左欄**2**の操作で、行を2行挿入したい場合は、⊕を2回クリックします。
⊕をクリックした分だけ行が挿入されます。

行と列の挿入

［レイアウト］タブの［行と列］グループの各種挿入ボタンを使って、行と列を挿入することもできます。

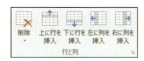

改行キーで行の挿入

右端の改行マークにカーソルを合わせ、[Enter]キーを押すと、その行の下に行が挿入されます。

1 右端の改行マークにカーソルを合わせます。

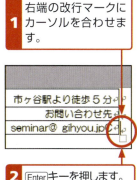

2 [Enter]キーを押します。

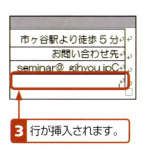

3 行が挿入されます。

●**列を挿入する**

列も行と同様の操作で、挿入することができます。

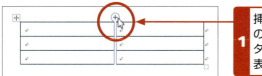

1 挿入したい位置にある列の左端にマウスポインターを移動すると、⊕が表示されます。

2 この⊕をクリックすると、列が挿入されます。

---

3 ▶▶ セルを分割／結合する

●**セルを分割する**

下段に行を追加し、セミナーのスケジュールを入力します。
さらにその下に行を挿入し、それを3列4行に分割します。

1 行を追加します。

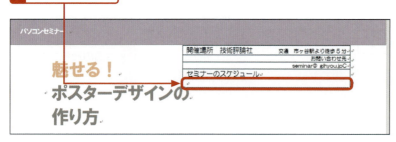

2 分割するセルを選択します。

3 ［レイアウト］タブの［セルの分割］ボタンをクリックします。

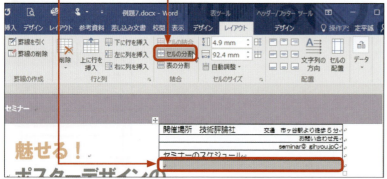

チェック

右クリックで分割

分割するセルを選択し、選択範囲内で右クリックし、メニューから［セルの分割］を選択することもできます。

PART2 Chapter4 レイアウトを設定しよう

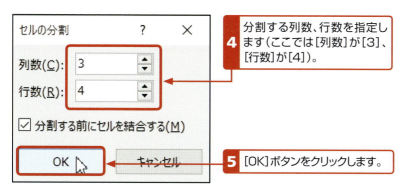

4 分割する列数、行数を指定します（ここでは［列数］が［3］、［行数］が［4］）。

5 ［OK］ボタンをクリックします。

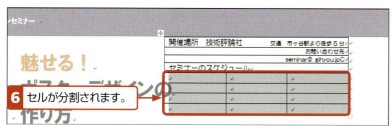

6 セルが分割されます。

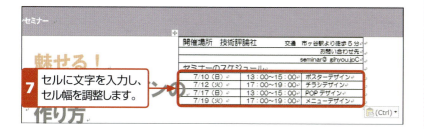

7 セルに文字を入力し、セル幅を調整します。

（チェック）
ここで入力した文字は、フォントが［ＨＧ丸ゴシックＭ-PRO］、フォントサイズは、［9pt］、文字の配置位置は、［中央揃え］です。

● セルを結合する

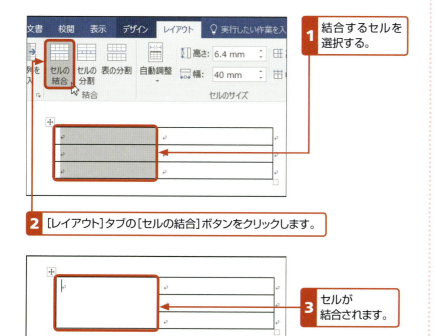

1 結合するセルを選択する。

2 ［レイアウト］タブの［セルの結合］ボタンをクリックします。

3 セルが結合されます。

（チェック）
右クリックでの結合
結合するセルを選択し、その選択した範囲内にカーソルを入れ、右クリックし、メニューから［セルの結合］を選択することもできます。

4 ▶▶ 表をテキストボックス化する

　表の配置を自由に移動できるように、表をテキストボックスに入れます。

1 [挿入] タブの [テキストボックス] ボタンから [横書きテキストボックスの描画] を選択します。

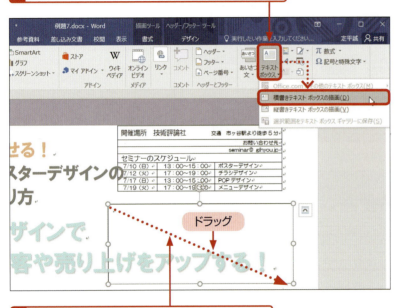

2 表の下にドラッグしてテキストボックスを作ります。

3 表の左上端の[+]をドラッグし、表をテキストボックス内に移動させます。

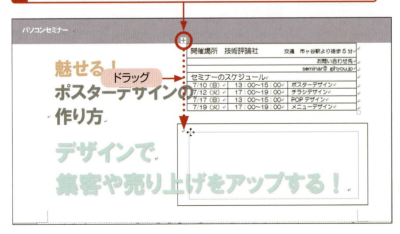

PART 2　Chapter4　レイアウトを設定しよう

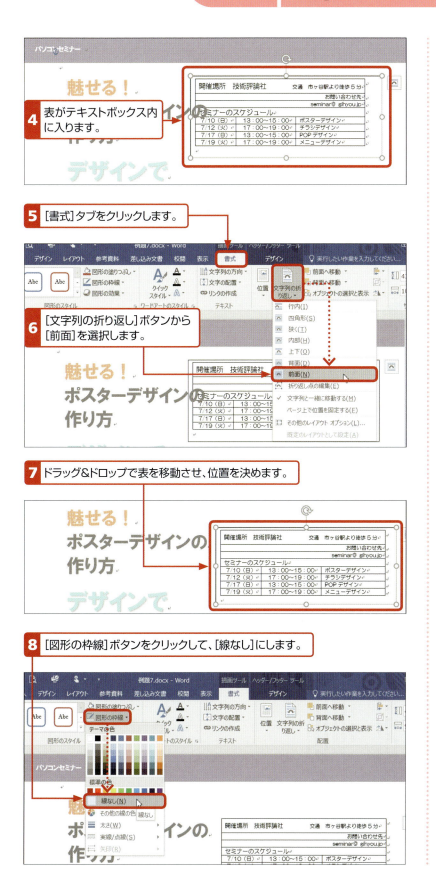

4 表がテキストボックス内に入ります。

5 [書式]タブをクリックします。

6 [文字列の折り返し]ボタンから[前面]を選択します。

7 ドラッグ&ドロップで表を移動させ、位置を決めます。

8 [図形の枠線]ボタンをクリックして、[線なし]にします。

9 テキストボックスの枠線がなくなります。

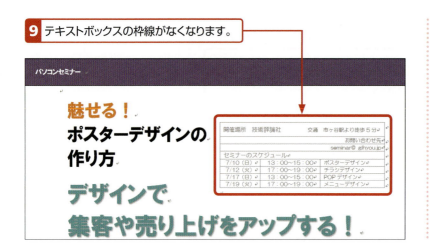

やってみよう！13 ▶▶

　例題⓳で作成したリーフレットを、上段、下段の余白サイズを変え、下図のように作り変えてみましょう。

※「やってみよう！13」のファイルは、本書紹介のサポートページからダウンロードできます（2ページ参照）。

PART2　Chapter5　カードをデザインしよう

Lesson 1 はがきをデザインしよう

学習のポイント
- **A4サイズよりも紙面サイズの小さいはがきのレイアウトとデザインについて学びます。**
- あいさつ文の自動入力の使い方を学びます。
- 画像を透かし絵にして背景にする方法を学びます。

例題 09　招待状を作ろう

完成例

5周年記念パーティへのご招待

拝啓

　初夏の候、ますます御健勝のこととお慶び申し上げます。日頃は大変お世話になっております。
　さて、弊社は、皆々様からのご支援、ご厚情を賜り、来る6月10日をもって、創業5周年を迎えさせていただくことになりました。
　つきましては、心ばかりの粗宴を下記のとおり、催したく存じます。ご多忙中、誠に恐縮でございますが、何卒ご来臨くださいますよう謹んでお願い申し上げます。

敬具

株式会社　ナチュラルフードスタジオ
代表取締役　浅田未来

日時　6月10日　午後6時～8時
場所　オーガニックレストラン　自然の恵み
会費　8,000円

なお、お手数ですがご都合のほどを6月3日までにお知らせください。
　　TEL&FAX　　03（3456）1234
　　E-Mail　　　info@3sp123.jp

※「例題09」のファイルは、本書紹介のサポートページからダウンロードできます（2ページ参照）。

1 ►► はがきサイズにページを設定する

まず、ページのサイズをはがきサイズに設定します。

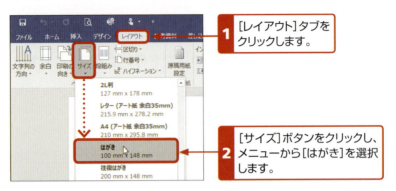

 チェック

左図の文書は、本書紹介のサポートページからダウンロードできます（2ページ参照）。
基礎データ　「例題09-1」
完成デザイン　「例題09-2」

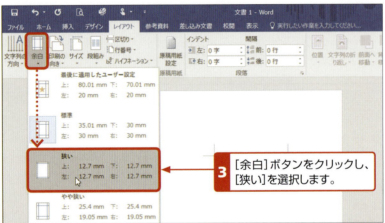

 チェック

初期設定では用紙のサイズはA4になっています。A4以外の用紙サイズを使うときは用紙サイズを設定します。

 注意

はがきサイズの余白
はがきサイズの用紙設定では、[標準]の余白は広すぎます。[狭い]に変更することをおすすめします。

2 あいさつ文を自動入力する

時候のあいさつなど、あいさつ文の自動入力機能を使うと大変便利です。

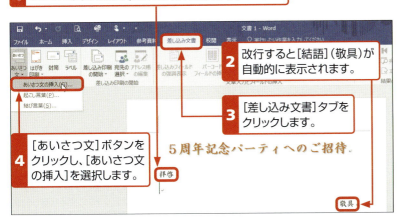

チェック

あいさつ文の頭語と結語
次の頭語を入力すると、結語が自動的に表示されます。
拝啓→敬具
謹啓→謹白
前略→早々

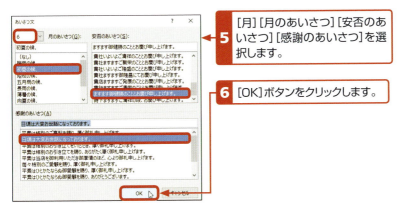

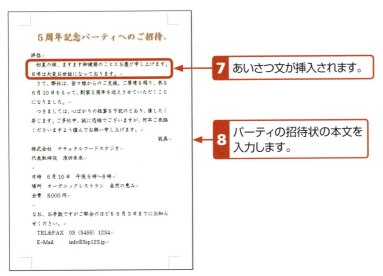

3 ▶▶ 画像を透かし絵にする

ここでは、オンライン画像からイラストを挿入し、透かし（ウォッシュアウト）に色変更し、はがきの背景をデザインします。

1 オンライン画像からイラスト(ここでは「パーティ」で検索)を挿入し、[文字の折り返し]を[背面]にします。

 チェック

画像の挿入と編集の方法は、Chapter3のLesson1（79ページ）を参照ください。

2 [書式]タブをクリックします。

3 [色]をクリックして、[ウォッシュアウト]を選択します。

 チェック

イラストの色変更で、[ウォッシュアウト]にすると透かし状態になり、イラストが文字の邪魔することなく、デザインできます。

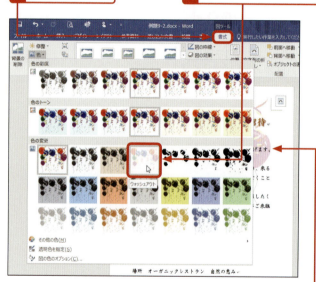

4 イラストが透かしの状態になります。

5 透かし状態のイラストの位置とサイズを整えます。

PART2　Chapter5　カードをデザインしよう

やってみよう！14 ▶▶

次の「同窓会のお知らせ」のはがきの文面を作成してみましょう。

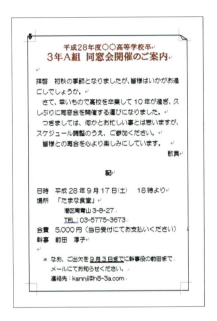

やってみよう！15 ▶▶

次の「バースデーカード」のはがきの文面を作成してみましょう。

※「やってみよう！14」「やってみよう！15」のファイルは、本書紹介のサポートページからダウンロードできます（2ページ参照）。

Lesson 1 名刺をデザインしよう

学習のポイント
- はがきサイズよりもさらに紙面サイズの小さいラベルのレイアウトとデザインを学びます。
- ラベルのテンプレートの使い方を学びます。

 名刺をデザインしよう

完成例

※「例題10」のファイルは、本書紹介のサポートページからダウンロードできます（2ページ参照）。

PART2　Chapter6　ラベルを作成しよう

1 ▶▶ 名刺のラベルを作る

ここでは、ラベルのテンプレートを使って名刺を作ります。

1 [差し込み文書]タブをクリックします。

2 [ラベル]ボタンをクリックします。

名刺作成用の専用用紙が各メーカーから市販されています。Wordには各メーカーに対応したテンプレートが用意されているので、その用紙の製品番号を指定してください。

3 [宛名ラベル作成]ダイアログボックスが表示されます。

ラベルには、封筒やハガキなどに貼る宛名ラベルやビデオなどに貼るラベルなどいろいろ指定することができます。

4 [オプション]ボタンをクリックします。

5 [ラベルオプション]ダイアログボックスで、[ラベルの製造元]、[製品番号]を選択します。

6 [OK]ボタンをクリックします。

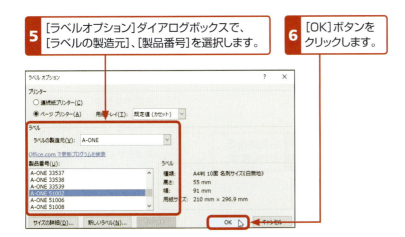

7 [宛名ラベル作成]ダイアログボックスに戻ります。

8 [新規文書]ボタンをクリックします。

9 指定した名刺のテンプレートが表示されます。

2 ▶▶ 名刺をデザインする

1 名刺情報を入力します。

左図の文書は、本書紹介のサポートページからダウンロードできます（2ページ参照）。
基礎データ　「例題10-1」
完成デザイン　「例題10-2」

2 四角の図形を左側に挿入し、塗りつぶしをグラデーションにします。

3 直線の図形とイラスト、テキストボックスの文字を挿入します。

4 一つ完成したら、それをコピーし、貼り付けします。

フォントは[HG丸ゴシック-PRO]、フォントサイズは名前を[14pt]、名前以外は[10.5pt]、[9pt]、[8pt]とし、文字にメリハリを付けて作成しています。ロゴやイラストをワンポイントで入れると、名刺が一段と引き立つようになります。

左欄 **2** の四角形のグラデーションの塗りつぶしの詳細は、Chapter3のLesson2（113ページ）を参照してください。

チェック

左欄 **3** のイラストは「例題10-2」からコピーして使用ください。このイラスト以外の画像をオンライン画像から探しても結構です。

やってみよう！16 ▶▶

下図を参考にオリジナルデザインの名刺を作ってみましょう。

やってみよう！17 ▶▶

下図を参考にオリジナルデザインの名刺を作ってみましょう。

※「やってみよう！16」「やってみよう！17」のファイルは、本書紹介のサポートページからダウンロードできます（2ページ参照）。

PART 3

Excel 2016を
マスターしよう

▶▶ Chapter 1　表を作成しよう

▶▶ Chapter 2　表をデザインしよう

▶▶ Chapter 3　表計算をしよう

▶▶ Chapter 4　グラフを作成しよう

▶▶ Chapter 5　データベースを作成しよう

▶▶ Chapter 6　データを分析しよう

Lesson 1 データを入力しよう

学習のポイント
- Excel 2016の基本シート入力の一連の基本操作を学びます。
- インタフェースの名称と機能について学びます。
- 作成したシートを保存する方法について学びます。

例題 11　表を作ろう

完成例

	A	B	C	D	E	F	G	H
1						発行日：	2016年7月10日	
2		御請求書						
3								
4		No.	商品名	数量	単位	単価	金額	
5			コピー用紙　A4　2500枚	4	個	¥2,500		
6			A4封筒　100枚	4	個	¥1,600		
7			インクカートリッジ　5色セット	12	個	¥3,800		
8			DVD-R　50枚	2	個	¥1,800		
9			USBメモリー　16GB	2	個	¥1,280		
10								
11								
12								

※「例題11」のファイルは、本書紹介のサポートページから
　ダウンロードできます（2ページ参照）。

PART3　Chapter1　表を作成しよう

1 ▶▶ Excel 2016を起動する

1 スタート画面から[Excel 2016]をクリックします。

> **チェック**
> **ショートカットの作成**
> デスクトップにExcel 2016のショートカットアイコンを作成し、そのアイコンをダブルクリックして起動することもできます。ショートカットアイコンの作り方は30ページを参照してください。

2 Excel 2016のテンプレートが開きます。

> **チェック**
> **起動時に**
> **テンプレート一覧が表示**
> 起動直後には、テンプレート一覧が表示されます。このテンプレート一覧には、最近使ったファイルも表示されます。

3 [空白のブック]をクリックします。

4 新規シートの編集画面が表示されます。

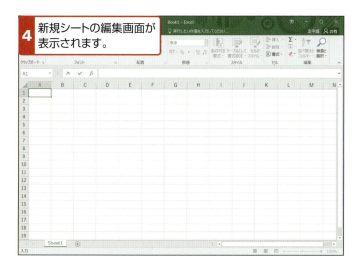

> **チェック**
> **Excelの終了**
> 画面右上にある[閉じる]ボタンをクリックしてExcelを終了します。

[空白のブック]が起動時に開くように設定する方法

　Excel 2016を起動するたびに、テンプレート画面が表示されるのがわずらわしい場合は、起動時に空白のブックが開くように設定することができます。
　設定変更は、Excelのファイルを開いた状態から、[ファイル]タブをクリックし、[オプション]を選択した後、[Excelのオプション]画面で次の操作を行います。

1 [基本設定]を選択します。

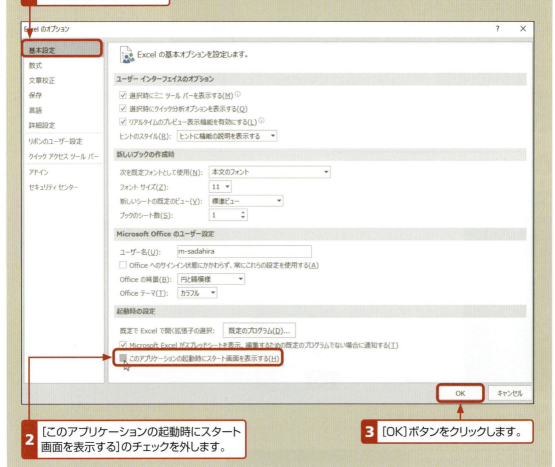

2 [このアプリケーションの起動時にスタート画面を表示する]のチェックを外します。

3 [OK]ボタンをクリックします。

PART3 Chapter1 表を作成しよう

2 ▶▶ 画面の名称と機能を知る

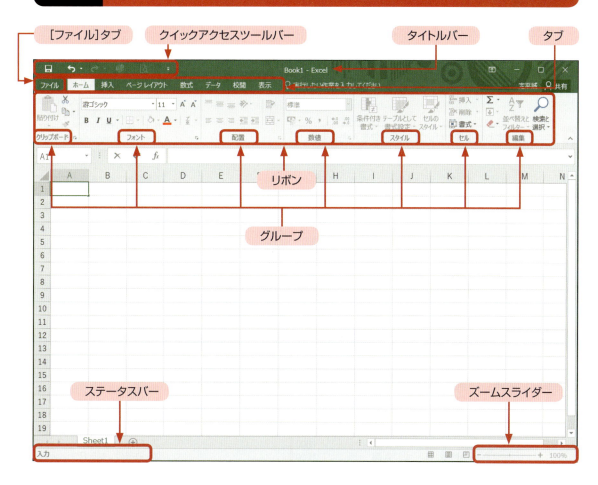

◆［ファイル］タブ
　ファイルの新規作成、保存、終了など基本操作を行うためのボタンです。
◆クイックアクセスツールバー
　利用頻度の高いボタンをまとめたものです。ボタンの追加、削除のカスタマイズが可能です。
◆タイトルバー
　編集中のファイル名（シート名）が表示されます。
◆タブ
　8つのタブによって構成されています。
◆リボン
　機能別にタブによって分類されています。
◆グループ
　ボタンが機能別にグループ化されています。
◆ステータスバー
　現在編集中の文書情報を表示します。
◆ズームスライダー
　表示倍率を変更することができます。

クイックアクセスツールバーのユーザー設定

クイックアクセスツールバーの をクリックして、必要なものにチェックマークを付けましょう。下図の5つのボタンを設定しておくと便利です。

165

3 ▶▶ データを入力する

　まずは、データ入力します。文字は左揃え、数値データは右揃えで表示されます。データを入力して確定した後に Enter キーを押すと、アクティブセルは下に移動し、Tab キーを押すと右に移動します。

1 文字を入力するセルをクリックし、データを入力します。

2 数値データも同様に入力します。

> **チェック**
> **セル幅よりも長い文字を入力した場合**
> 見かけは、隣のセルにまたがって表示されますが、入力したセルに文字はすべて記録されています。隣のセルに何もデータが入力されていない場合は、全体が表示されますが、隣のセルにデータが入力されると、セル幅を超えた文字は画面上では表示されません。全体を表示したい場合は、後に解説するセル幅の変更を行います。

> **チェック**
> 左図の文書は、本書紹介のサポートページからダウンロードできます（2ページ参照）。なお、これまでの「MS-Pゴシック」に変わり、Excel 2016 の既定のフォントは「游ゴシック」になりましたが、ここでは、従来の「MS-Pゴシック」を使っています。
> 基礎シート「例題11-1」
> 完成シート「例題11-2」

参考　入力ミスした場合の修正の方法

●**入力中のミス**
　Back Space キーで一つ前の文字を消して入力し直すか、または、Esc キーを押してアクティブセルのデータをすべて消してから入力し直します。

●**すでに確定しているデータのミス**
　すでに入力されているデータを無視して、そのセルにデータを上書きし、Enter キーで確定します。

PART3 Chapter1 表を作成しよう

4 ▶▶ セルの幅を変更する

1 セルの幅を変更したい列番号の右端境界にマウスポインターを合わせるとマウスポインターの形が✥に変わります。

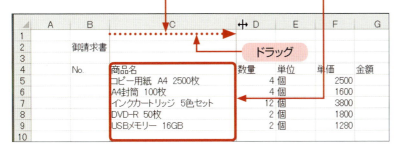

2 ドラッグして、セル幅（ここでは「28」）を変更します。

3 列の幅が変更され、セル内に商品名が収まります。

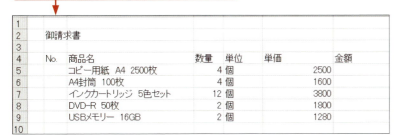

4 同様に、そのほかのセル幅も変更します。

参考　メニューを使ってセルの幅を変更する方法

メニューを使ってセルの幅を変更する場合には、次の操作を行います。

1 [ホーム]タブの[セル]グループ内にある[書式]ボタンを選択します。

2 [列の幅]を選択します。

3 [列幅]ダイアログボックスで列幅を数値入力します。

4 [OK]ボタンをクリックします。

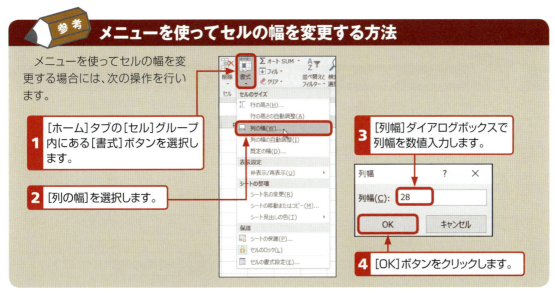

5 ▶▶ セルの高さを変更する

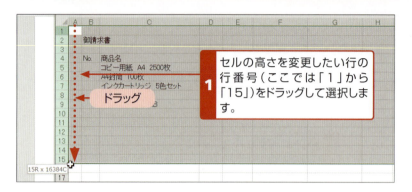

1. セルの高さを変更したい行の行番号（ここでは「1」から「15」）をドラッグして選択します。

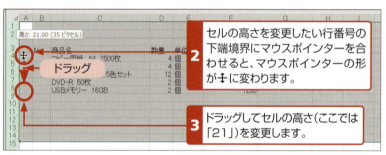

2. セルの高さを変更したい行番号の下端境界にマウスポインターを合わせると、マウスポインターの形が⇳に変わります。

3. ドラッグしてセルの高さ（ここでは「21」）を変更します。

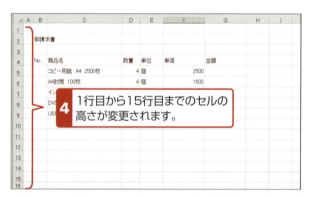

4. 1行目から15行目までのセルの高さが変更されます。

参考　メニューを使ってセルの高さを変更する方法

メニューを使ってセルの高さを変更する場合には、次の操作を行います。

1. [ホーム]タブの[セル]グループ内にある[書式]ボタンを選択します。
2. [行の高さ]を選択します。
3. [行の高さ]ダイアログボックスで行の高さを数値入力します。
4. [OK]ボタンをクリックします。

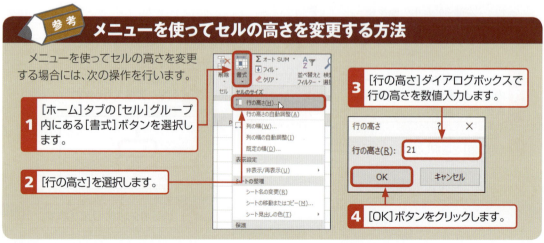

PART3　Chapter1　表を作成しよう

6 ▶▶ 数値の表示形式を変更する

　数値の先頭に「¥」、3桁ごとに「,」を付けた通貨の表示形式にします。

1 表示変更する数値を範囲選択(ここでは列番号「F」をクリックし、列F全体を選択)します。

2 [数値]グループの右端隅の をクリックします。

3 [表示形式]タブをクリックします。

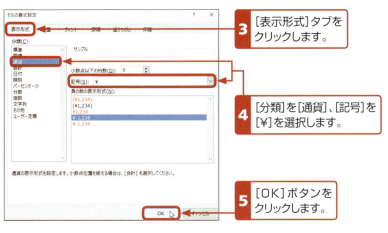

4 [分類]を[通貨]、[記号]を[¥]を選択します。

5 [OK]ボタンをクリックします。

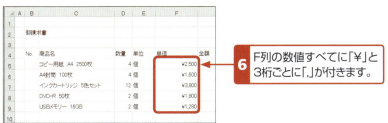

6 F列の数値すべてに「¥」と3桁ごとに「,」が付きます。

チェック

[ホーム]タブの[数値]グループ内には、3桁ごとに「,」の付いた通貨の表示形式以外に、次のような表示形式の変更ができます。

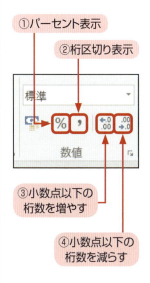

①パーセント表示
②桁区切り表示
③小数点以下の桁数を増やす
④小数点以下の桁数を減らす

参考　セルに「########」が表示される場合の対処方法

　入力した数字の桁数に対してセル幅が狭いと、セルに「########」と表示されます。このような場合は、セル幅を広くすることで数値は表示されるようになります。

セル幅を広げると表示される。

7 ▶▶ 日付を表示する

　F1のセルに「発行日：」と入力し、右揃えにします。その隣のG1のセルに日付を表示します。

日付も数値と同様、日本語入力の全角でも入力できます。ただし、入力されるとその日付は自動的に半角に変換されます。

日付は文字ではなく数値!
Excelの日付は、文字データとして処理しているのではなく、数値データとして処理されています。したがって、日付データは、足し算や引き算などの計算処理もできます。表示も数値データなので、右揃えで表示されます。

PART3 Chapter1 表を作成しよう

8 ▶▶ 名前を付けて保存をする

作成した請求書を保存（ここでは「ドキュメント」フォルダー）します。

1 [ファイル]タブをクリックして、[名前を付けて保存]を選択します。

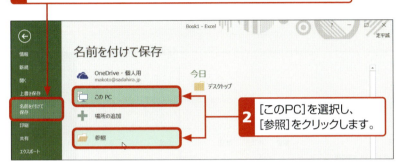

2 [このPC]を選択し、[参照]をクリックします。

3 [ドキュメント]をクリックします。

4 ファイル名を入力します。

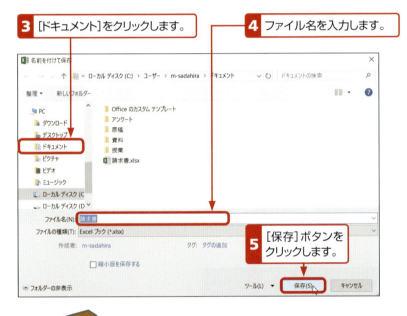

5 [保存]ボタンをクリックします。

チェック

保存された文書に編集作業を行った場合、2通りの保存方法があります。
1. 上書き保存
   編集前の状態のファイルはなくなります。
2. 名前を付けて保存
   編集前のファイルと別のファイルで保存します。

参考 OneDriveへの保存

上欄の 2 の操作で、「OneDrive-個人用」を選択すると、インターネット上のストレージサーバーのOneDriveに保存することができます。
OneDriveに保存すると、いつでもどこでもデータを使うことができます。
OneDriveの詳細は、PART1のChapter2のLesson3（37ページ）を参照してください。

やってみよう！18

例題⓫で作成した「請求書」をPDFファイル形式で保存してみましょう。

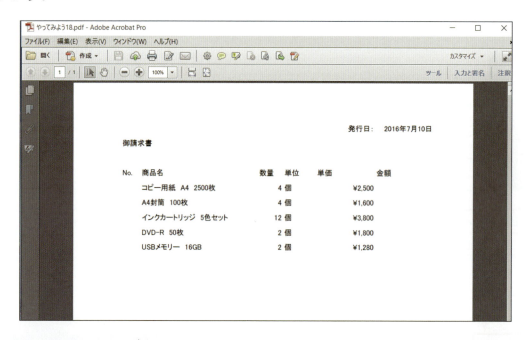

やってみよう！19

例題⓫で作成した「請求書」の日付を和暦で、下記のように表示させてみましょう。

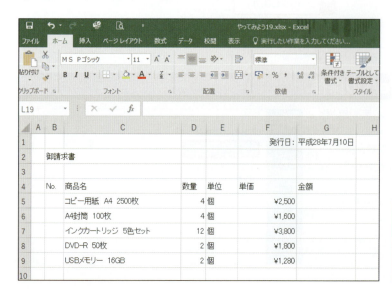

※「やってみよう！18」「やってみよう！19」のファイルは、本書紹介のサポートページからダウンロードできます（2ページ参照）。

PART 3　Chapter1　表を作成しよう

表を編集しよう

学習のポイント
- ワークシートの基本的な編集手法を学びます。
- 文字列の配置手法や行や列の挿入、削除、結合の方法を学びます。

例題 12　表を編集しよう

完成例

	A	B	C	D	E	F	G	H	I
1						発行日：	2016年7月10日		
2									
3		御請求書							
4									
5		株式会社　S-Design							
6		総務部管理課				株式会社　コジマ商会			
7		担当　酒井雅人　　様				営業部　販売課　　担当：吉田さおり			
8						〒141-0021　東京都目黒区上大崎1-2-3			
9		下記の通り、ご請求申し上げます。				TEL：03-1234-5678　　FAX：03-1234-5679			
10									
11									
12									
13									
14		No.	商品名		数量	単位	単価	金額	
15		1	コピー用紙　A4　2500枚		4	個	¥2,500		
16		2	A4封筒　100枚		4	個	¥1,600		
17		3	インクカートリッジ　5色セット		12	個	¥3,800		
18		4	DVD-R　50枚		2	個	¥1,800		
19		5	USBメモリー　16GB		2	個	¥1,280		
20		6							
21		7							
22		8							
23							小計		
24							消費税		
25							合計		
26		備考							
27									

※「例題12」のファイルは、本書紹介のサポートページからダウンロードできます（2ページ参照）。

1 ▶▶ 連続したデータを自動入力する

　連番を付ける場合、最初の2つを入力します。コンピューターはその2つの数字の並びの規則性を計算し、連番を自動入力します。連番は数値だけでなく、文字が入っていても行うことができます。

　まず、「NO.」の行に「1」から「8」までの連番を付けてみましょう。最初の行に「1」、次の行に「2」と番号を付けてから自動入力します。

左図のシートは、本書紹介のサポートページからダウンロードできます（2ページ参照）。
基礎シート「例題12-1」
完成シート「例題12-2」

オートフィル
連続したデータをすでに入力してある数値などを利用して簡単に入力する機能をいいます。

PART 3　Chapter1　表を作成しよう

2 ▶▶ 文字列の配置・サイズを変更する

1 項目名と単位を選択します。

2 ［ホーム］タブの［中央揃え］ボタンをクリックします。

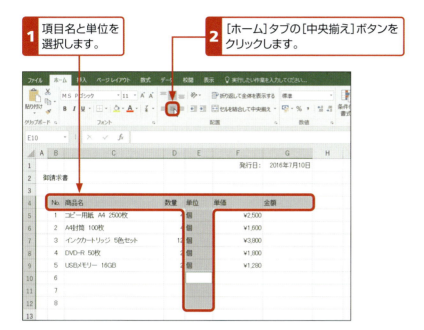

3 項目名と単位が中央揃えに変わります。

4 項目名だけ選択し直し、［太字］ボタンをクリックします。

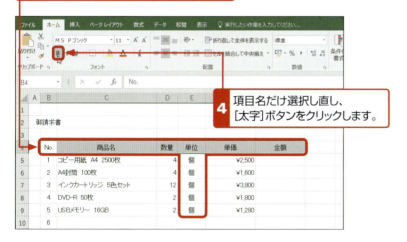

5 項目名が太字に変わります。

6 「御請求書」を［太字］、[14pt]、［左揃え］にします。

離れた領域を一度に選択する方法

一つの領域を選択した後、Ctrlキーを押しながら続けてもう一つの領域をドラッグします。

チェック

文字列の配置

［ホーム］タブの［配置］グループ内に、次の6通りの文字の配置があります。

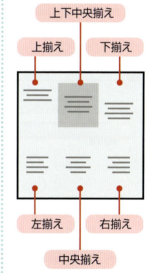

フォント・サイズ・色の変更

文字列を選択し、［ホーム］タブの［フォント］グループ内にある［フォント］ボタン、［フォントサイズ］ボタン、［フォントの色］ボタンから変更することができます。

3 ▶▶ セルを挿入する

ここでは、行の挿入を行います。列の挿入も同様の操作で行うことができます。

●1行を挿入する

1 挿入したい場所の行番号をクリックします。

2 [ホーム]タブの[挿入]ボタンをクリックします。

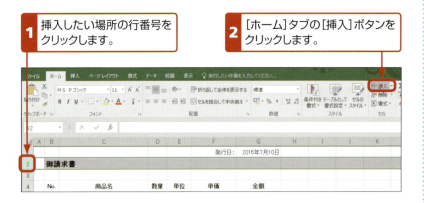

3 1行が挿入されます。

●複数行を挿入する

複数行挿入する場合には、まず、挿入したい分だけ、例えば、3行挿入したい場合は、3行ドラッグして選択状態にしてから操作を行います。

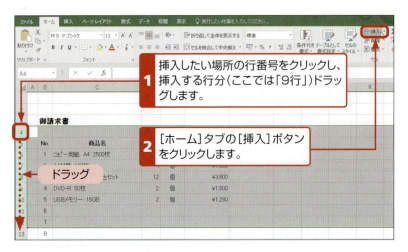

1 挿入したい場所の行番号をクリックし、挿入する行分(ここでは「9行」)ドラッグします。

2 [ホーム]タブの[挿入]ボタンをクリックします。

> **チェック**
>
> **行を削除する**
> 削除する行をドラッグし、[ホーム]タブの[削除]ボタンの[▼]をクリックしてメニューから削除する場所を選択します。
>
>

> **チェック**
>
> 行や列の挿入、削除は、解説したメニュー選択以外にも、行番号、列記号を選択して、マウスの右ボタンをクリックし、表示されたメニューから[挿入][削除]を選択して行うこともできます。

PART 3 | Chapter1　表を作成しよう

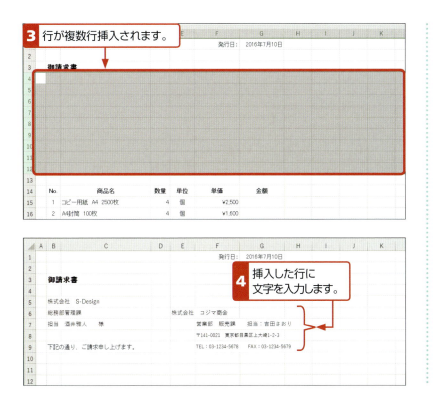

4 ▶▶ セルを結合する

複数のセルを1つのセルにまとめます。

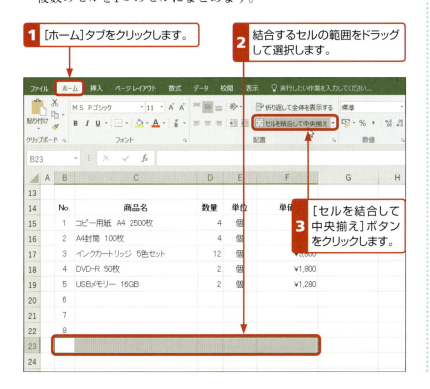

4 セルが結合して1つのセルになります。

5 同様に、その下のセル2つもセルの結合を行います。

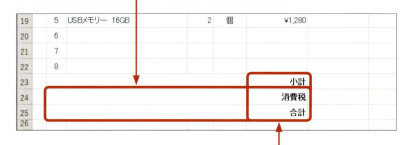

6 結合したセルに文字を入力し、[右揃え]、[太字]に設定します。

7 同様に、1つのセルにするセルの範囲をドラッグして指定します。（セルの高さを「43.2」にしています。）

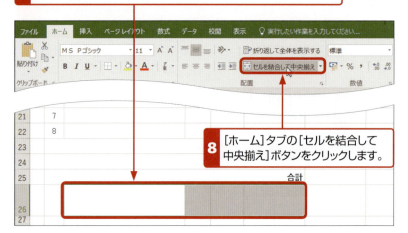

8 [ホーム]タブの[セルを結合して中央揃え]ボタンをクリックします。

9 セルが結合して1つのセルになります。

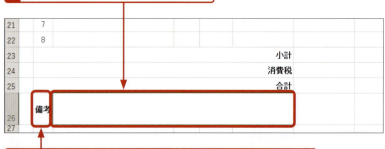

10 結合したセルの左セルに文字を入力し、[太字]に設定します。

セルの結合を解除

結合したセルを選択し、[ホーム]タブの[セルを結合して中央揃え]ボタンから[セル結合の解除]を選択します。

PART3 Chapter1 表を作成しよう

やってみよう！20 ▶▶

例題⓬の単位の列を削除してみましょう。

	A	B	C	D	E	F	G
13							
14		No.	商品名	数量	単価	金額	
15		1	コピー用紙 A4 2500枚	4	¥2,500		
16		2	A4封筒 100枚	4	¥1,600		
17		3	インクカートリッジ 5色セット	12	¥3,800		
18		4	DVD-R 50枚	2	¥1,800		
19		5	USBメモリー 16GB	2	¥1,280		
20		6					
21		7					
22		8					
23							
24							
25						小計	
26						消費税	
27						合計	

やってみよう！21 ▶▶

例題⓬の商品入力行を2行追加し、連番を[S1]から奇数の連番を付けてみましょう。

	A	B	C	D	E	F	G
13							
14		No.	商品名	数量	単価	金額	
15		s1	コピー用紙 A4 2500枚	4	¥2,500		
16		s3	A4封筒 100枚	4	¥1,600		
17		s5	インクカートリッジ 5色セット	12	¥3,800		
18		s7	DVD-R 50枚	2	¥1,800		
19		s9	USBメモリー 16GB	2	¥1,280		
20		s11					
21		s13					
22		s15					
23		s17					
24		s19					
25						小計	
26						消費税	
27						合計	

※「やってみよう！20」「やってみよう！21」のファイルは、本書紹介のサポートページからダウンロードできます（2ページ参照）。

Lesson 1 表をデザインしよう

- 表に罫線を付ける手法を学びます。
- セルの色付けなど表のデザインについて学びます。

例題 13　表をデザインしよう

完成例

PART 3 Chapter2 表をデザインしよう

1 ▶▶ 罫線を引く

●格子を引く

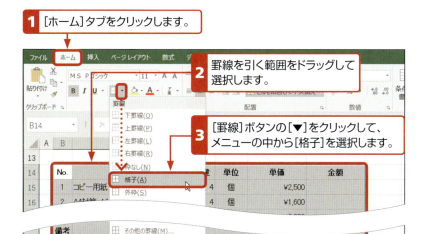

1. [ホーム]タブをクリックします。
2. 罫線を引く範囲をドラッグして選択します。
3. [罫線]ボタンの[▼]をクリックして、メニューの中から[格子]を選択します。

左図のシートは、本書紹介のサポートページからダウンロードできます（2ページ参照）。
基礎シート「例題13-1」
完成シート「例題13-2」

4. 選択範囲に格子が引かれます。

参考　[セルの書式設定]ダイアログボックスでの設定

　[ホーム]タブの[フォント]グループの右端隅にある⬜をクリックすると、[セルの書式設定]ダイアログボックスが表示されますので、[罫線]タブをクリックし、罫線の種類や罫線を引く場所を指定することもできます。

● 太い外枠を引く

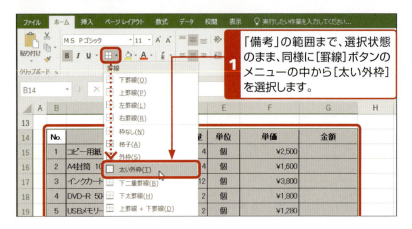

> **注意**
> 格子を入れて外枠を太線などの設定にしたい場合には、格子を設定してから、外枠の設定を行います。外枠を先に設定してから、格子の設定を行うと、外枠の設定は消されてしまいますので、注意してください。

● 下二重罫線を引く

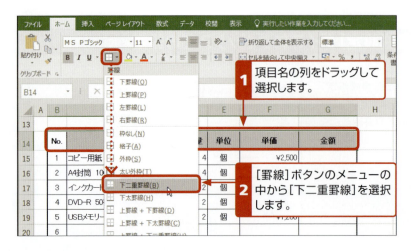

項目名のセルの高さは、少し広く（ここでは「27」）します。

PART 3　Chapter2　表をデザインしよう

3 選択範囲に下二重罫線が引かれます。

4 同様に、下二重罫線を2か所引きます。

5 一覧表の上（C11からD12）に［太い外枠］を設定します。

6 その枠内に文字を入力します。

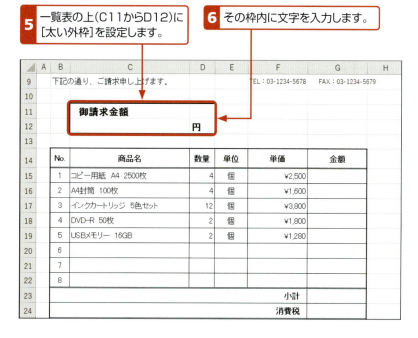

チェック

罫線の削除
罫線を削除する範囲を選択し、［罫線］ボタンの［▼］をクリックして、メニューの中から［枠なし］を選択します。

183

2 ▸▸ 罫線に色を付ける

ここでは、［セルの書式設定］ダイアログボックスを使って、罫線に色を付けます。

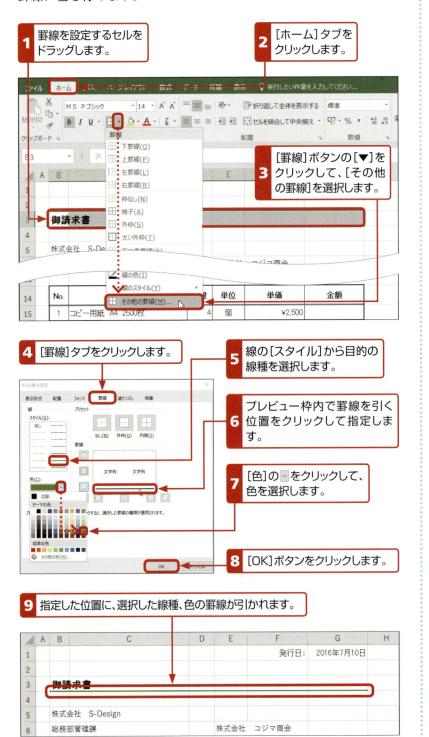

3 ▶▶ セルに色を付ける

●セルのスタイルを利用する

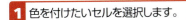
1 色を付けたいセルを選択します。

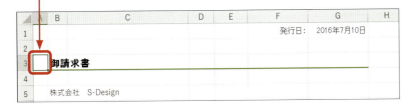

2 [ホーム]タブの[スタイル]グループ内にある[セルのスタイル]ボタンをクリックし、セルスタイルを選択します。

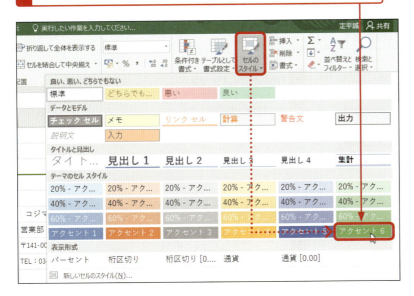

3 セルに色が塗られます。

> **チェック**
>
> **[塗りつぶしの色]で
> セルに色を塗る**
>
> 左欄の1の操作の後、[フォント]グループの[塗りつぶしの色]ボタンの[▼]をクリックして、セルに色を塗る方法もあります。

● セルに模様と色を付ける

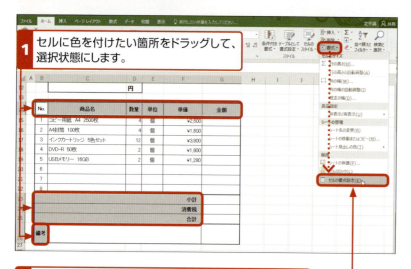

1 セルに色を付けたい箇所をドラッグして、選択状態にします。

2 [ホーム]タブの[セル]グループの[書式]ボタンの[▼]をクリックし、[セルの書式設定]を選択します。

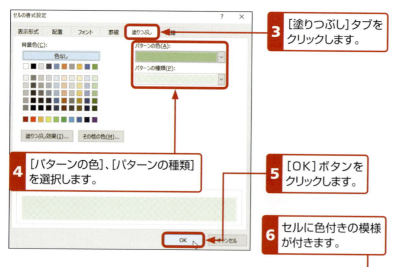

3 [塗りつぶし]タブをクリックします。

4 [パターンの色]、[パターンの種類]を選択します。

5 [OK]ボタンをクリックします。

6 セルに色付きの模様が付きます。

離れた領域を一度に選択する方法

一つの領域を選択の後、[Ctrl]キーを押しながら、続けて離れた他の領域をドラッグしていきます。

セルの色の削除

[塗りつぶしの色]ボタンの[▼]をクリックし、[塗りつぶしなし]を選択するとセルの色が削除されます。

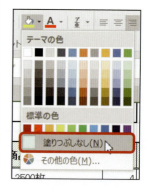

PART3 Chapter2 表をデザインしよう

4 ▶▶ 表の形式を選択して貼り付ける

貼り付けのオプションメニューを使って、いろいろな形式の貼り付けを行うことができます。ここでは、[値]だけを貼り付けます。

1 表のデータをドラッグして範囲設定します。

2 [コピー]ボタンをクリックします。

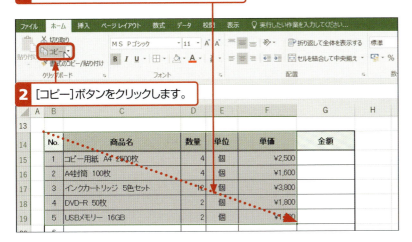

3 貼り付け位置(ここでは表の右側「I14」)をクリックします。

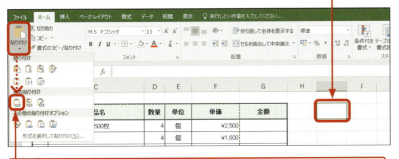

4 [貼り付け]ボタンの[▼]をクリックし、メニューの[値の貼り付け]の[値]をクリックします。

5 指定した位置に[値]だけが貼り付けられます。

チェック

**貼り付けの
オプションメニュー**

左欄 **4** の操作で、貼り付けプレビューオプションが表示されます。メニュー内のアイコンにマウスポインターを合わせると、貼り付け後のイメージをプレビュー表示します。
[値]以外にも、いろいろな貼り付けができますので、プレビュー表示で確認してみてください。

5 ▶▶ 表を図にしてコピーする

　表や表の一部のセルをコピーして、図として貼り付けることができます。

1 表をドラッグして範囲設定します。

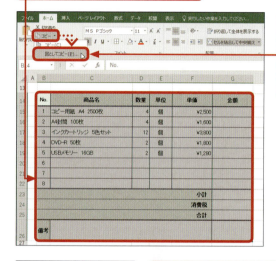

2 [ホーム]タブの[コピー]ボタンの[▼]をクリックして[図としてコピー]を選択します。

チェック

図にすることでサイズや配置位置を自由に変えることができます。

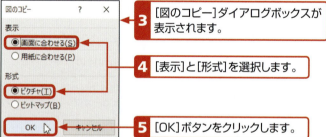

3 [図のコピー]ダイアログボックスが表示されます。

4 [表示]と[形式]を選択します。

5 [OK]ボタンをクリックします。

6 コピー位置（ここでは「I14」）をクリックします。

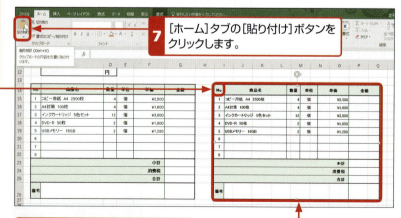

7 [ホーム]タブの[貼り付け]ボタンをクリックします。

8 表が図として貼り付けられます。

PART 3　Chapter2　表をデザインしよう

やってみよう！22

下図のように、例題⓭のセルの模様と色を変更してみましょう（ここでは［ゴールド、アクセント4、白＋基本色40％］）。

やってみよう！23

Wordを開いて、請求書を図としてコピーしてみましょう。

※「やってみよう！22」「やってみよう！23」のファイルは、本書紹介のサポートページからダウンロードできます（2ページ参照）。

Lesson 2 表を印刷しよう

- 印刷するにあたっての各印刷条件の設定を学びます。
- 印刷条件に応じた設定方法を学びます。

例題 14　印刷設定をして印刷しよう

A4用紙に、「請求書」を印刷しましょう。

1 ▶▶ 印刷プレビューを表示する

1 [ファイル]タブをクリックし、[印刷]を選択します。

2 印刷プレビューが表示されます。

3 請求書のデータシートが1ページ内に収まるように設定します。

4 [部数]を設定します。

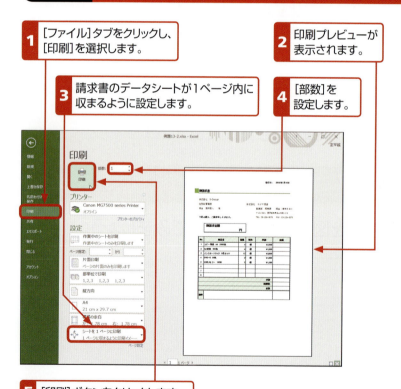

5 [印刷]ボタンをクリックします。

印刷設定をすると、その設定画面でプレビュー表示されます。

プレビューの拡大・縮小
印刷プレビューの右下隅の をクリックすると、プレビューが拡大されます。再度クリックすると、元のサイズにもどります。

PART3 Chapter2 表をデザインしよう

2 ▶▶ 印刷設定をする

●印刷の向きを設定する

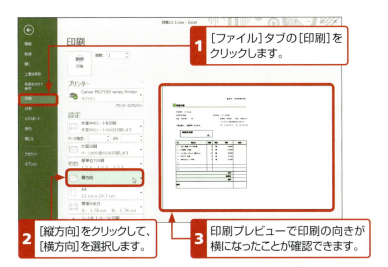

1 [ファイル]タブの[印刷]をクリックします。

2 [縦方向]をクリックして、[横方向]を選択します。

3 印刷プレビューで印刷の向きが横になったことが確認できます。

●余白を設定する

1 [ファイル]タブの[印刷]をクリックします。

2 右下隅にある[余白の表示]ボタン をクリックします。

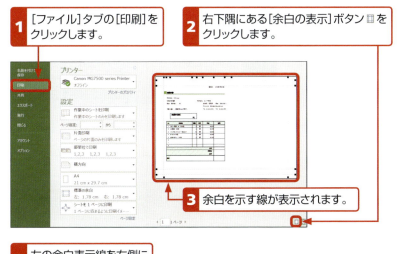

3 余白を示す線が表示されます。

4 左の余白表示線を右側にドラッグします。

ドラッグ

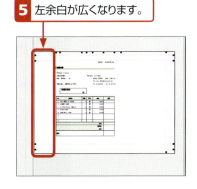

5 左余白が広くなります。

> **チェック**
>
> **余白の設定をする**
>
> [標準の余白]をクリックすると、[標準]のほか[広い]、[狭い]の3段階の余白の設定ができます。
>
>

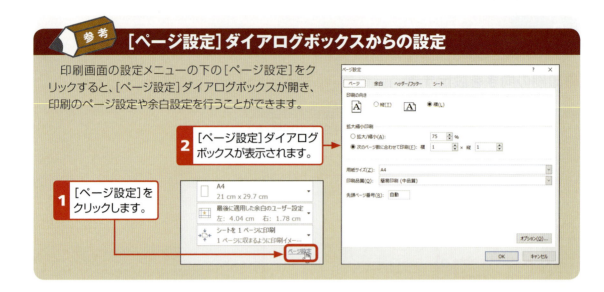

やってみよう！24

例題⓭のワークシートをA4縦にし、余白を調整して1ページに収まるようにしてみましょう。

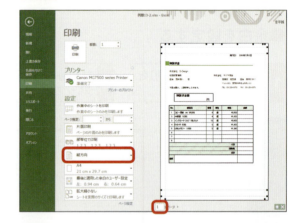

やってみよう！25

例題⓭のワークシートをA4横にし、75％の縮小にして1ページに収まるようにしてみましょう。

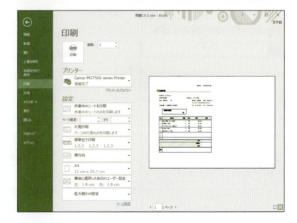

PART 3 Chapter3 表計算をしよう

Lesson 1 計算式を設定しよう

学習のポイント
- ワークシートにおける計算式の設定の方法を学びます。
- 計算式のコピーの方法、累積合計の計算方法も学びます。

例題 15　計算式を設定しよう

完成例

※「例題15」のファイルは、本書紹介のサポートページから
　ダウンロードできます（2ページ参照）。

193

1 ▶▶ 数式を入力して計算をする

「例題13」の請求書のワークシートに数式を入力して計算します。計算式を入力するときは、式の前に必ず、半角で「＝」を入力します。

1 「金額」の入力欄の先頭セル「G15」をクリックし、半角で「＝」を入力します。

2 「数量」の先頭セル「D15」をクリックし、「*」を入力、「単価」の先頭セル「F15」をクリックします。

3 Enterキーを押すと、計算結果が表示されます。

左図のシートは、本書紹介のサポートページからダウンロードできます（2ページ参照）。
基礎シート「例題15-1」
完成シート「例題15-2」

セル参照
「列」、「行」によってセルの位置を表すことをいいます。計算式では、セルの位置を直接入力してもかまいませんが、セル参照した方がまちがいもなく効率的です。

算術演算子
Excelの数式では、算術演算子という記号が用いられます。計算を行うための算術演算子は次の通りです。

パーセント ： ％
べき乗　　 ： ＾
掛け算　　 ： ＊
割り算　　 ： ／
足し算　　 ： ＋
引き算　　 ： －

計算式を修正
修正したい計算式が入力されたセルを選択し、数式バーをクリックして、計算式を修正します。

PART 3　Chapter3　表計算をしよう

2 ▶▶ 計算式をコピーする

1 計算式で求めた「金額」のセルの右下端にマウスポインターを合わせると、マウスポインターの形が[＋]に変わります。

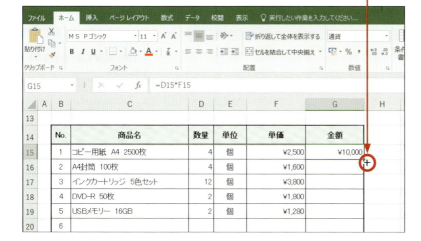

> チェック
>
> ここでは、数値データがコピーされるのではなく、計算式がコピーされています。

2 コピーしたい範囲までドラッグします。

3 自動的に計算式がコピーされ、金額が表示されます。

3 ▶▶ オートSUMで合計を求める

オートSUMを使って累積合計を求めます。

1 「小計」のセルをクリックします。

2 Σボタンをクリックします。

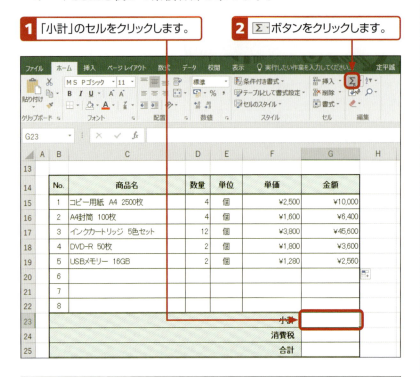

3 選択範囲に合計の計算式が表示されます。

4 金額の累積合計が表示されます。

SUM関数
SUM関数によって、合計を求めるには
=SUM（始点セル：終点セル）
を使います。

Σボタンをクリックすると、範囲が自動的に選択されます。特定範囲の合計を求める場合は、先に範囲指定してから、Σボタンをクリックします。

やってみよう！26

例題⓭の「消費税」と「合計」の値を計算式を入力して求めてみましょう。

やってみよう！27

例題⓭の「御請求金額」の値を計算式を入力して求めてみましょう。

※「やってみよう！26」「やってみよう！27」のファイルは、本書紹介のサポートページからダウンロードできます（2ページ参照）。

関数を設定しよう

学習のポイント
- ワークシートにおける関数の使い方を学びます。
- 関数を有効に活用し、ワークシート内の計算方法を学びます。

例題 16　関数を設定しよう

完成例

	A	B	C	D	E	F	G	H	I	J	K	L
1		試験結果										
2		受験番号	氏名	ふりがな	性別	志望	一般常識	技術知識	面接	合計	備考	
3		s0001	三浦 和夫	ミウラカズオ	1	企画	75	70	85	230		
4		s0002	佐藤 健一	サトウケンイチ	1	開発	86	78	75	239		
5		s0003	広瀬 奈央	ヒロセナオ	2	営業	94	85	85	264		
6		s0004	北川 裕子	キタガワユウコ	2	開発	56	95	72	223		
7		s0005	木村 拓蔵	キムラタクゾウ	1	企画	63	59	75	197		
8		s0006	片岡 啓介	カタオカケイスケ	1	開発	62	65	80	207		
9		s0007	有村 純子	アリムラジュンコ	2	企画	60	73	85	218		
10		s0008	松田 優太	マツダユウタ	1	事務	55	64	70	189		
11		s0009	窪田 庄司	クボタ ショウジ	1	開発	68	73	76	217		
12		s0010	吉田 洋子	ヨシダヨウコ	2	開発	57	75	90	222		
13		s0011	市原 直人	イチハラナオト	1	営業	78	71	65	214		
14		s0012	綾瀬 春美	アヤセハルミ	2	事務	66	76	80	222		
15		s0013	西島 秀樹	ニシジマヒデキ	1	営業	54	65	81	200		
16		s0014	木村 史子	キムラフミコ	2	企画	73	85	85	243		
17		s0015	綾野 毅	アヤノタケシ	1	事務	67	76	52	195		
18		s0016	谷原 雄介	タニハラユウスケ	1	事務	88	55	75	218		
19		s0017	大島 圭子	オオシマケイコ	2	企画	65	60	66	191		
20		s0018	境 雅夫	サカイマサオ	1	開発	71	67	55	193		
21		s0019	桐谷 鈴	キリヤスズ	2	営業	79	84	95	258		
22		s0020	松本 淳一	マツモトジュンイチ	1	事務	67	56	75	198		
23												
24						受験者数	20					
25												
26						平均	69.2	71.6	76.1	216.9		
27						最高点	94.0	95.0	95.0	264.0		
28						最低点	54.0	55.0	52.0	189.0		

※「例題16」のサンプルファイルは、本書紹介のサポートページからダウンロードできます（2ページ参照）。

PART 3　Chapter3　表計算をしよう

1 ▶▶ データ数をカウントする

前項のオートSUMを使って、「一般常識」「技術知識」「面接」の累積合計を「合計」のセルに出力した後から解説します。

1 [受験者数]の入力セルをクリックします。

2 Σ▼ ボタンの[▼]をクリックし、[数値の個数]を選択します。

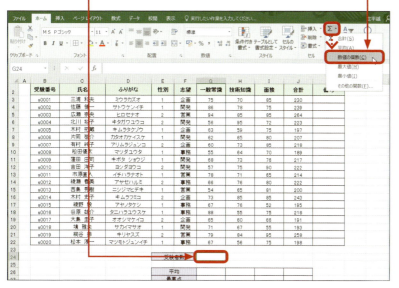

左図のシートは、本書紹介のサポートページからダウンロードできます（2ページ参照）。
基礎シート「例題16-1」
完成シート「例題16-2」

左欄 **2** の操作でセルの範囲設定が自動設定されます。設定範囲が適切でない場合は、マウスで適切な範囲設定を設定し直します。

3 セルの範囲設定が表示されます。

左欄 **3** の操作でセルの範囲設定が、セル「G23」まで設定されています。このままでもセル「G23」には数値が入っていないので、カウントされず問題はありませんが、正確にセル「G22」までの範囲設定をドラッグして指定し直します。

4 セルの範囲設定をドラッグして修正（ここでは「G3」から「G22」まで）し、Enterキーを押すと、データ数が表示されます。

数値の個数を求めるには、
=COUNT(始点セル：終点セル)
を使います。

2 ▶▶ 平均値を求める

1 「一般常識」の「平均」の入力セル「G26」をクリックします。

2 ∑・ボタンの[▼]をクリックして、[平均]を選択します。

平均値を求めるには、
=AVERAGE(始点セル：終点セル)
を使います。

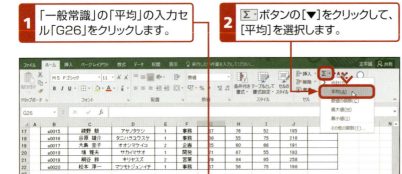

3 セルの範囲設定をドラッグして修正(ここでは「G3」から「G22」まで)し、Enterキーを押します。

4 平均値を表示します。

5 表示した平均値の計算式をコピーし、「技術知識」、「面接」、「合計」の平均値を表示します。

左欄5での計算式のコピーの方法は、Chapter3のLesson1(195ページ)を参照してください。

PART3　Chapter3　表計算をしよう

3 ▶▶ 最大値・最小値を求める

1 「一般常識」の「最高点」の入力セル「G27」をクリックします。

2 [Σ▼]ボタンの[▼]をクリックして、[最大値]を選択します。

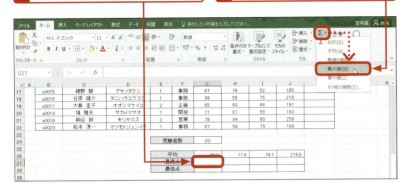

> **チェック**
> 最大値を求めるには、
> **=MAX（始点セル：終点セル）**
> を使います。

3 セルの範囲設定をドラッグして修正（ここでは「G3」から「G22」まで）し、Enterキーを押します。

4 表示した最高点の計算式をコピーし、「技術知識」、「面接」、「合計」の最高点を表示します。

5 同様に、最低点を表示します。

> **チェック**
> 最小値を求めるには、
> **=MIN（始点セル：終点セル）**
> を使います。

Lesson 3 データに条件を設定しよう

学習のポイント
- データに条件を設定し、判別や判断をさせる方法を学びます。
- 条件付書式の設定とIF関数の使い方を学びます。

例題 17　目的のデータを分かりやすく表示しよう

完成例

	A	B	C	D	E	F	G	H
1		企業の経営指標データ						
2		企業名	収益率	自己資本	規模	効率性	備考	
3		ヤッホー	98	77	56	86	優良	
4		ハードバンク	95	63	58	71		
5		楽空	84	83	45	66		
6		アマポン	79	68	36	96	優良	
7		ヤマモト電機	76	73	62	55	未成熟	
8		アップップ	75	73	75	57	未成熟	
9		技術出版	68	32	100	36	未成熟	
10		PONY	64	51	78	47	未成熟	
11		西急	62	27	80	52	未成熟	
12		クークル	61	74	94	54	未成熟	
13		ヨントリー	60	87	48	84	優良	
14		Camon	60	75	60	54	未成熟	
15		オンライン銀行	55	57	76	45	未成熟	
16		ユニコロ	54	50	67	67		
17		東京物産	54	45	76	55	未成熟	
18		マイケルソフト	51	41	73	69		
19		HIC	48	60	74	57	未成熟	
20		コンナ自動車	44	77	88	53	未成熟	
21		ビックビデオ	43	68	82	43	未成熟	
22		コンビニーイレブン	33	61	79	83	優良	
23								

※「例題17」のファイルは、本書紹介のサポートページからダウンロードできます（2ページ参照）。

PART3 | Chapter3 　表計算をしよう

1 ▶▶ 条件付き書式の設定をする

　ここでは、条件（80点以上）を満たしたデータの文字と背景を［赤］にします。

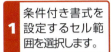　条件付き書式を設定するセル範囲を選択します。

左図のシートは、本書紹介のサポートページからダウンロードできます（2ページ参照）。
基礎シート「例題17-1」
完成シート「例題17-2」

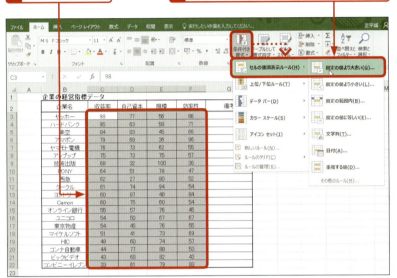

[ホーム]タブの[条件付き書式]ボタンをクリックし、[セルの強調表示ルール]の[指定の値より大きい]を選択します。

条件付き書式をクリアする
[条件付き書式]ボタンをクリックし、[ルールのクリア]の[シート全体からルールをクリア]を選択します。

[指定の値より大きい]ダイアログボックスで、[次の値より大きいセルを書式設定]に[80]、[書式]に[濃い赤の文字、明るい赤の背景]を選択します。

[OK]ボタンをクリックします。

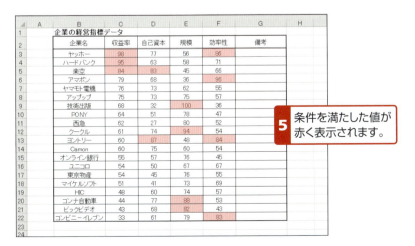

条件を満たした値が赤く表示されます。

条件付き書式の種類
条件付き書式には次の5種類が用意されています。利用状況に応じて、使い分けてください。
・セルの強調表示ルール
・上位/下位ルール
・データバー
・カラースケール
・アイコンセット

2 ▶▶ IF関数の条件設定をする

●基本的な条件式

「効率性」の得点が80以上ならば「優良企業」、それ以外ならばスペース(空白)を備考欄に表示させます。

1 先頭レコードの備考欄のセルを選択します。

2 [ホーム]タブの 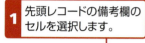 ボタンの[▼]をクリックし、[その他の関数]を選択します。

3 [関数の挿入]ダイアログボックスで、[関数の分類]から[論理]、[関数名]から[IF]を選択します。

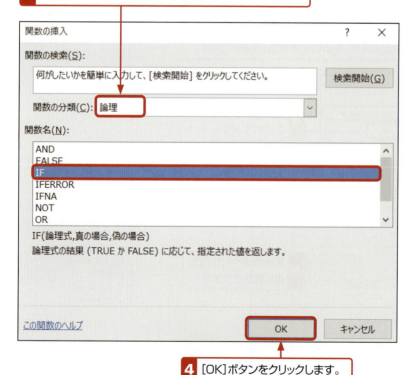

4 [OK]ボタンをクリックします。

不等号記号の表示
不等号記号には、次の5種類があります。

Aと等しい
A=
Aより大きい
A<
A以上
A=< (A<=)
Aより小さい
A>
A以下
A>= (A=>)

PART 3 Chapter 3 表計算をしよう

5 [関数の引数]ダイアログボックスの[論理式]に条件式「F3>=80」、[真の場合]に「"優良企業"」、[偽の場合]に「""」を入力します。

条件式の処理で、スペースを表示させたい場合には、文字を入れずに半角で「""」とします。

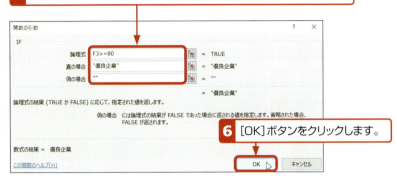

6 [OK]ボタンをクリックします。

7 選択したセルに真偽の結果が表示されます。

8 セルの右下隅にマウスポインターを合わせ、最終レコードまでドラッグします。

9 ドラッグしたセルに条件式がコピーされ、真偽の結果が表示されます。

IF関数の基本的な条件式

IF関数とは「もしも、この条件に合えば「処理1」(真)を実行し、合わなければ「処理2」(偽)を実行する」という、与えられた条件式の結果により実行する処理を判定する論理関数です。

=IF (F3>=80 , "処理1" , "処理2")
IF関数 条件式　真の場合　偽の場合

●条件式の結果が3通り以上に分かれる

今度は、「効率性」が80以上ならば「優良」、60以上80未満ならば「ブランク」、60未満ならば「未成熟」と備考欄に表示させます。ここでは、数式バーに直接入力します。

1 先頭レコードの備考欄のセルを選択します。

2 数式バーに次の条件式を入力します。
=IF(F3>=80,"優良",IF(F3>=60," ","未成熟"))

3 Enterキーを押すと、選択セルに条件式の結果が表示されます。

4 右下隅にマウスポインターを合わせ、最終レコードまでドラッグします。

5 ドラッグしたセルに条件式がコピーされ、条件式の結果が表示されます。

>
> **数式バーに直接入力するとき、「=」を忘れない!**
> 数式バーに条件式を直接入力するときは、最初に「=」を入れるのを忘れないようにしましょう。「=」を入れ忘れると、数式とは見なされません。

> **注意**
> 条件式の結果を3通りに分ける場合、IF文の指定が2つ以上になります。閉じるカッコ ") " も最後2つ必要になりますので、注意してください。

参考 条件式の結果が3通り以上に分かれる場合

IF関数の中にIF関数を入れることにより、複数の条件分岐を行うことができます。
=IF(F3>=80 , " 優良 ", IF(F3>=60 , "　" , " 未成熟 "))

PART 3 Chapter3 表計算をしよう

やってみよう！28

例題❶の備考欄に、「効率性」が50未満ならば「要注意」、それ以外は「スペース（空白）」と備考欄に表示してみましょう。

	A	B	C	D	E	F	G	H
1	企業の経営指標データ							
2		企業名	収益率	自己資本	規模	効率性	備考	
3		ヤッホー	98	77	56	86		
4		ハードバンク	95	63	58	71		
5		楽空	84	83	45	66		
6		アマポン	79	68	36	96		
7		ヤマモト電機	76	73	62	55		
8		アップブ	75	73	75	57		
9		技術出版	68	32	100	36	要注意	
10		PONY	64	51	78	47	要注意	
11		西急	62	27	80	52		
12		クークル	61	74	94	54		
13		ヨントリー	60	87	48	84		
14		Camon	60	75	60	54		
15		オンライン銀行	55	57	76	45	要注意	
16		ユニコロ	54	50	67	67		
17		東京物産	54	45	76	55		
18		マイケルソフト	51	41	73	69		
19		HIC	48	60	74	57		
20		コンナ自動車	44	77	88	53		
21		ビックビデオ	43	68	82	43	要注意	
22		コンビニーイレブン	33	61	79	83		

やってみよう！29

例題❶の備考欄に、「合計」が240以上なら「A」、210以上240未満なら「B」、210未満なら「C」と備考欄に表示してみましょう。

	A	B	C	D	E	F	G	H	I	J	K	L
1		試験結果										
2		受験番号	氏名	ふりがな	性別	志望	一般常識	技術知識	面接	合計	備考	
3		s0001	三浦 和夫	ミウラカズオ	1	企画	75	70	85	230	B	
4		s0002	佐藤 健一	サトウケンイチ	1	開発	86	78	75	239	B	
5		s0003	広瀬 奈央	ヒロセナオ	2	営業	94	85	85	264	A	
6		s0004	北川 裕子	キタガワユウコ	2	開発	56	95	72	223	B	
7		s0005	木村 拓蔵	キムラタクゾウ	1	企画	63	59	75	197	C	
8		s0006	片岡 啓介	カタオカケイスケ	1	企画	62	65	80	207	C	
9		s0007	有村 純子	アリムラジュンコ	2	企画	60	73	85	218	B	
10		s0008	松田 優太	マツダユウタ	1	事務	55	64	70	189	C	
11		s0009	窪田 庄司	キボタショウジ	1	開発	68	73	76	217	B	
12		s0010	吉田 洋子	ヨシダヨウコ	2	開発	57	75	90	222	B	
13		s0011	市原 直人	イチハラナオト	1	営業	78	71	65	214	B	
14		s0012	綾瀬 春美	アヤセハルミ	2	事務	66	76	80	222	B	
15		s0013	西島 秀樹	ニシジマヒデキ	1	営業	54	65	81	200	C	
16		s0014	木村 史子	キムラフミコ	2	企画	73	85	85	243	A	
17		s0015	綾野 毅	アヤノタケシ	1	事務	67	76	52	195	C	
18		s0016	谷原 雄介	タニハラユウスケ	1	事務	88	55	75	218	B	
19		s0017	大島 圭子	オオシマケイコ	2	企画	65	60	66	191	C	
20		s0018	境 雅夫	サカイマサオ	1	開発	71	67	55	193	C	
21		s0019	桐谷 鈴	キリヤスズ	2	営業	79	84	95	258	A	
22		s0020	松本 淳一	マツモトジュンイチ	1	事務	67	56	75	198	C	

※「やってみよう！28」「やってみよう！29」のファイルは、本書紹介のサポートページからダウンロードできます（2ページ参照）。

Lesson 1 集計表を作成しよう

学習のポイント
- オートSUMを使った行と列の合計を同時に求める方法を学びます。
- 絶対参照における計算式のコピーの方法を学びます。

例題 18 売上実績表を作ろう

完成例

	A	B	C	D	E	F	G	H
1		売上実績表					(単位:千円)	
2		支店名	4月	5月	6月	7月	支店合計	
3		札幌	2,560	3,040	3,150	4,530	13,280	
4		東京	7,810	7,130	6,650	7,530	29,120	
5		大阪	5,940	4,650	4,120	3,570	18,280	
6		博多	4,210	5,900	5,230	5,560	20,900	
7		月合計	20,520	20,720	19,150	21,190	81,580	
8		月構成比	25%	25%	23%	26%	100%	
9								
10								

※「例題18」のファイルは、本書紹介のサポートページからダウンロードできます(2ページ参照)。

PART3 Chapter4 グラフを作成しよう

1 ▶▶ 行と列の合計を同時に求める

次の売上実績表の「月合計」と「支店合計」をオートSUMで同時に求めることができます。

1 数値データが入力されている範囲と、合計を求める範囲を同時に範囲設定します。

2 ボタンをクリックします。

> **チェック** ✓
> 左図のシートは、本書紹介のサポートページからダウンロードできます（2ページ参照）。
> 基礎シート「例題18-1」
> 完成シート「例題18-2」

3 列の合計「月合計」と行の合計「支店合計」が同時に表示されます。

	A	B	C	D	E	F	G	H
1		売上実績表					(単位:千円)	
2		支店名	4月	5月	6月	7月	支店合計	
3		札幌	2,560	3,040	3,150	4,530	13,280	
4		東京	7,810	7,130	6,650	7,530	29,120	
5		大阪	5,940	4,650	4,120	3,570	18,280	
6		博多	4,210	5,900	5,230	5,560	20,900	
7		月合計	20,520	20,720	19,150	21,190	81,580	
8		月構成比						

> **チェック** ✓
> ここでの操作のように、行と列の合計まで範囲設定すると、合計の総計が自動的に求められます。

参考 オートカルク機能でデータ確認

オートカルク機能は、指定した範囲のデータから、「平均」、「データの個数」、「数値の個数」、「最大値」、「最小値」、「合計」の6つの値を自動的に計算し、ステータスバーに表示します。

ちょっとしたデータ確認には便利な機能です。表示したい値は、ステータスバーにマウスポインターを合わせ、右クリックし、メニューから設定します。

2 ▶▶ 絶対参照を使う

●相対参照のコピーではエラーが発生する

	A	B	C	D	E	F	G	H
1		売上実績表					(単位：千円)	
2		支店名	4月	5月	6月	7月	支店合計	
3		札幌	2,560	3,040	3,150	4,530	13,280	
4		東京	7,810	7,130	6,650	7,530	29,120	
5		大阪	5,940	4,650	4,120	3,570	18,280	
6		博多	4,210	5,900	5,230	5,560	20,900	
7		月合計	20,520	20,720	19,150	21,190	81,580	
8		月構成比	=C7/G7					
9								

1 「4月」の「月構成比」のセル「C8」に式「＝月合計/総合計」を入力します（ここでは「＝C7/G7」）。

	A	B	C	D	E	F	G	H
1		売上実績表					(単位：千円)	
2		支店名	4月	5月	6月	7月	支店合計	
3		札幌	2,560	3,040	3,150	4,530	13,280	
4		東京	7,810	7,130	6,650	7,530	29,120	
5		大阪	5,940	4,650	4,120	3,570	18,280	
6		博多	4,210	5,900	5,230	5,560	20,900	
7		月合計	20,520	20,720	19,150	21,190	81,580	
8		月構成比	0.251532238					
9								

2 Enterキーを押すと、月構成比の値が表示されます。

	A	B	C	D	E	F	G	H
1		売上実績表					(単位：千円)	
2		支店名	4月	5月	6月	7月	支店合計	
3		札幌	2,560	3,040	3,150	4,530	13,280	
4		東京	7,810	7,130	6,650	7,530	29,120	
5		大阪	5,940	4,650	4,120	3,570	18,280	
6		博多	4,210	5,900	5,230	5,560	20,900	
7		月合計	20,520	20,720	19,150	21,190	81,580	
8		月構成比	0.251532238					
9								

3 「4月」の「月構成比」のセルの右下端にマウスポインターを合わせ、コピーしたい範囲までドラッグします。

	A	B	C	D	E	F	G	H
1		売上実績表					(単位：千円)	
2		支店名	4月	5月	6月	7月	支店合計	
3		札幌	2,560	3,040	3,150	4,530	13,280	
4		東京	7,810	7,130	6,650	7,530	29,120	
5		大阪	5,940	4,650	4,120	3,570	18,280	
6		博多	4,210	5,900	5,230	5,560	20,900	
7		月合計	20,520	20,720	19,150	21,190	81,580	
8		月構成比	0.251532238	#DIV/0!	#DIV/0!	#DIV/0!	#DIV/0!	
9								

4 コピー先の月別構成比がエラー表示されます。

用語

相対参照
参照するセル番地が変動します。したがって、数式をコピーすると、参照するセル番地が変わります。

絶対参照
参照するセル番地を固定します。したがって、数式をコピーしても、参照するセル番地は変わりません。

複合参照
参照するセル番地の「列」または「行」のいずれかが絶対参照で、他方が相対参照の場合をいいます。

注意

ここでのエラーは、分母のセル位置が総計（G7）にないことが原因です。この場合、総計「G7」を固定させなければなりません。除数（割る数）に「0（ゼロ）」、または、空白セルを指定した場合、エラー表示、「#DIV/0!」が表示されます。

PART 3 Chapter4 グラフを作成しよう

●絶対参照に変更する

「5月」～「支店別合計」の「月構成比」のセルの値を削除して、やり直してみましょう。絶対参照にする方法は、F4キーを押して自動的に「$」マークを付けるか、または数式バーで直接「$」マークを入力します。

① 「4月」の「月構成比」のセルをクリックし、数式バーに表示されている数式の分母(G7)をドラッグして反転させ、F4キーを押します。

② 分母の[G7]が[G7]に変わり、絶対参照になります。

③ Enterキーを押すと、数値が表示されます。

④ 「4月」の「月構成比」のセルの右下端にマウスポインターを合わせ、コピーしたい範囲までドラッグします。

⑤ コピー先に月別構成比が表示されます。

⑥ 続けて[%]ボタンを押して、パーセント表示させます。

参照方法の切り替え

F4キーを押すことにより、セルの参照方法を切り替えることができます。
- 1回押す→絶対参照
  =A4
- 2回押す→行が絶対参照
  =A$4
- 3回押す→列が絶対参照
  =$A4
- 4回押す→相対参照
  =A4

分母のセル位置を絶対参照にしたため、常に、総計「G7」に固定されていることを確認しましょう。

やってみよう！30 ▶▶

例題⓲の売上実績表の右に「国内外比較表」を作成し、数式を入力して合計を求めてみましょう。

やってみよう！31 ▶▶

例題⓲の売上実績表の右に「国内外比較表」を作成し、数式を入力して構成比率を求めてみましょう。また、数値は％表示にしてみましょう。

	A	B	C	D	E	F	G	H	I	J	K	L
1		売上実績表					(単位:千円)					
2		支店名	4月	5月	6月	7月	支店合計					
3		札幌	2,560	3,040	3,150	4,530	13,280		国内外比率表			
4		東京	7,810	7,130	6,650	7,530	29,120			国内支店	海外支店	
5		大阪	5,940	4,650	4,120	3,570	18,280		合計	81,580	18,940	
6		博多	4,210	5,900	5,230	5,560	20,900		構成比率	81%	19%	
7		香港	1,860	2,260	2,930	3,190	10,240					
8		シンガポール	2,070	2,220	2,090	2,320	8,700					
9		月合計	24,450	25,200	24,170	26,700	100,520					
10												
11												

※「やってみよう！30」「やってみよう！31」のファイルは、本書紹介のサポートページからダウンロードできます（2ページ参照）。

PART 3　Chapter4　グラフを作成しよう

Lesson 2 グラフを作成しよう

学習のポイント
- 表のデータをもとにしたグラフの作り方、グラフのレイアウトやデザインの手法を学びます。
- グラフの特性を理解し、目的に応じたグラフ表示について学びます。

 例題 19　表のデータからグラフを作ろう

完成例

※「例題19」のファイルは、本書紹介のサポートページからダウンロードできます(2ページ参照)。

1 ▶▶ グラフを作成する

1 グラフにするセルの範囲を選択します。

2 [挿入]タブの[おすすめグラフ]ボタンをクリックします。

左図のシートは、本書紹介のサポートページからダウンロードできます（2ページ参照）。
基礎シート「例題19-1」
完成シート「例題19-2」

**[グラフ]グループから
グラフを選択**

左欄の 1 の操作の後、[グラフ]グループからグラフを選択してグラフを作ることもできます。

3 [おすすめグラフ]タブの目的のグラフを選択します。

4 [OK]ボタンをクリックします。

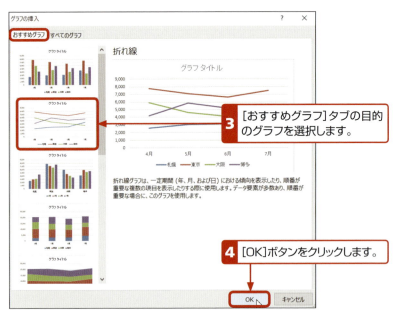

おすすめグラフ

選択範囲のデータに適したグラフの候補を表示してくれる機能です。簡単にデータに適したグラフを作ることができます。

5 グラフが表示されます。

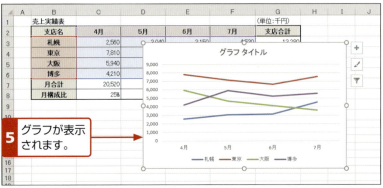

PART 3 | Chapter4 グラフを作成しよう

6 タイトルの入力ボックスをクリックして、タイトルを入力します。

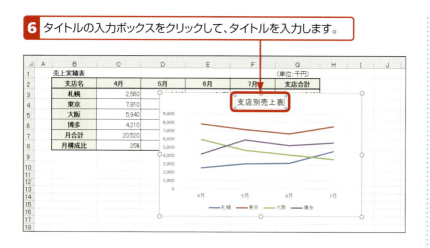

参考 ［クイック分析］ボタンを使ってグラフを表示する方法

選択したセルの右下隅に［クイック分析］ボタンが表示されます。［書式］［グラフ］［合計］［テーブル］［スパークライン］の分析操作を瞬時に行うことができます。
この［クイック分析］ボタンを使って、グラフを表示することができます。

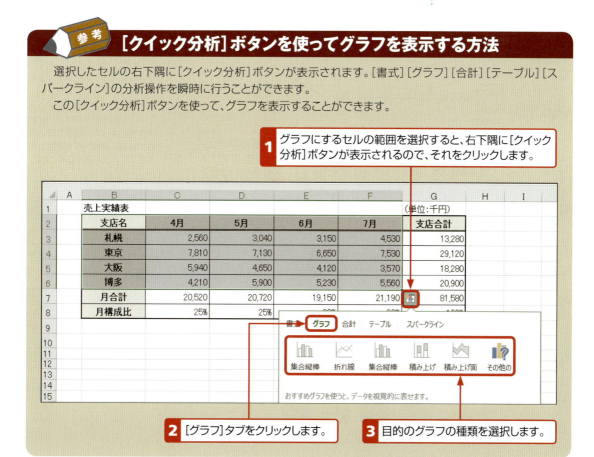

1 グラフにするセルの範囲を選択すると、右下隅に［クイック分析］ボタンが表示されるので、それをクリックします。

2 ［グラフ］タブをクリックします。

3 目的のグラフの種類を選択します。

2 ▶▶ グラフの種類を変更する

ここでは、折れ線グラフを縦棒グラフに変更します。

1 グラフを選択し、[デザイン]タブの[グラフの種類の変更]ボタンをクリックします。

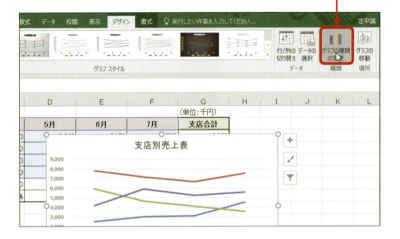

2 [グラフの種類の変更]ダイアログボックスで、[縦棒]を選択します。

3 縦棒グラフのタイプから[集合縦棒]を選択します。

4 横軸の項目は[支店別]を選択します。

5 [OK]ボタンをクリックします。

6 縦棒グラフに変更されます。

グラフを消去する
グラフを選択状態にし、Delete キーを押すと、グラフを消去することができます。

折れ線グラフは時系列変化を見るときに使います。それに対して、棒グラフは項目間のボリュームの変化を見るときに使います。よって、左欄の **4** の操作により、横軸を「支店別」の項目になるよう選択しました。

行/列の切り替え
[行/列の切り替え]ボタンをクリックすることで、表の凡例と項目を入れ替えることができます。

グラフの種類と特性

Excelのグラフには15種類のグラフが用意されています。次の操作で[すべてのグラフ]を表示することができます。

① グラフにするセルの範囲を選択します。
② [挿入]タブの[おすすめグラフ]をクリックします。
③ [すべてのグラフ]タブをクリックします。

目的用途に応じて、これらのグラフを上手に使いましょう。

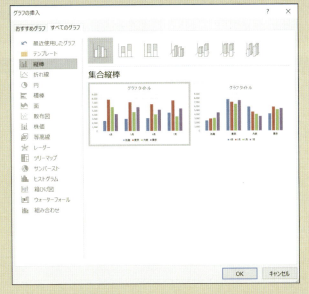

❶ **縦棒**
通常、X軸に項目、Y軸に数値を設定します。項目間の比較をする場合に使います。

❷ **折れ線**
時系列の変化を見るときに使います。

❸ **円**
総数に対して占める割合を表すのに使います。

❹ **横棒**
通常、X軸に数値、Y軸に項目を設定します。数値比較する場合に使います。

❺ **面**
折れ線グラフを面で表示したもので、全体に対する個々のデータの比率を折れ線グラフよりも見やすくしたい場合に使います。

❻ **散布図**
相関など2つ1組のデータを点で表示し、分布、頻度、傾向を見るのに使います。

❼ **株価**
変動幅のあるデータを一定時間で区切って、時系列変化を比較するときに使います。

❽ **等高線**
地図の等高線のイメージで立体的に表現したグラフで、連続する複数のデータの傾向や分析をする場合に使います。

❾ **レーダー**
データ全体に対する個々のデータのバランスを比較するときに使います。

❿ **ツリーマップ**
大量のデータを階層(ツリー構造)で整理し表示するときに使います。

⓫ **サンバースト**
階層構造を持ったデータの表示するときに使うグラフで、階層の各レベルを円で表し、内側の円の階層が上位になります。

⓬ **ヒストグラム**
データの分布を表すときに使うグラフで、縦軸に値の数(度数)、横軸に値の範囲(階級)を取り、各階級に含まれる度数を棒グラフにして並べます。

⓭ **箱ひげ図**
ばらつきのあるデータをわかりやすく表示するときに使います。

⓮ **ウォーターフォール**
増減するデータを視覚的にわかりやすく表示するときに使います。

3 ▸▸ 複合グラフを作成する

用語

複合グラフ
複数のグラフを組み合わせたグラフをいいます。一般的に、棒グラフと折れ線グラフのグラフがよく使われます。

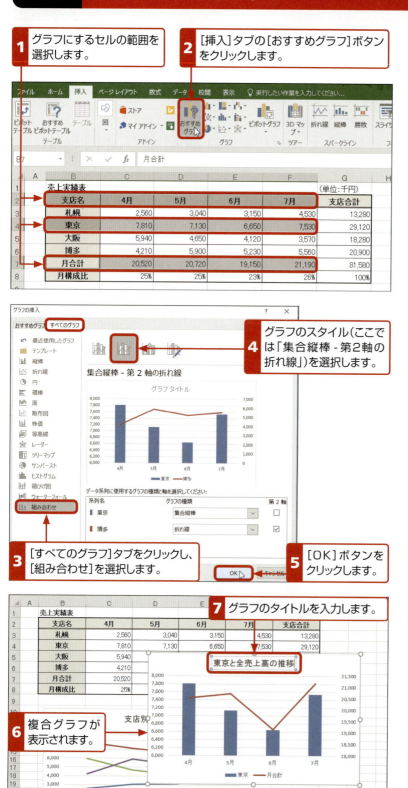

PART 3　Chapter4　グラフを作成しよう

やってみよう！32 ▶▶

　例題⑲の表のデータを使って、各支店合計を円グラフで表してみましょう。

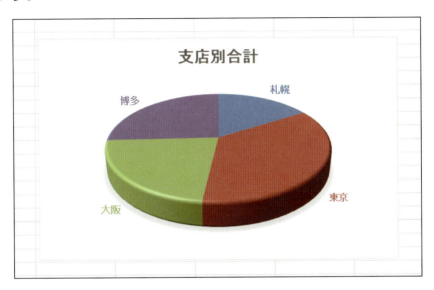

やってみよう！33 ▶▶

　例題⑲の表のデータを使って、札幌と博多の月別売上比較を［折れ線］グラフで表してみましょう。

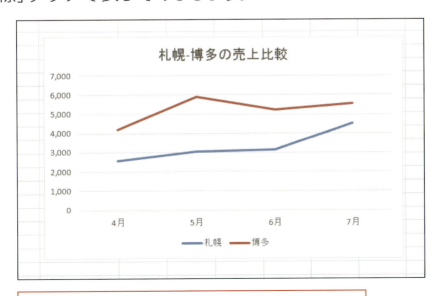

※「やってみよう！32」「やってみよう！33」のファイルは、本書紹介のサポートページからダウンロードできます（2ページ参照）。

Lesson 3 グラフをデザイン レイアウトしよう

- グラフのレイアウトについて学びます。
- グラフのデザインについて学びます。

例題 20　グラフをデザインしよう

完成例

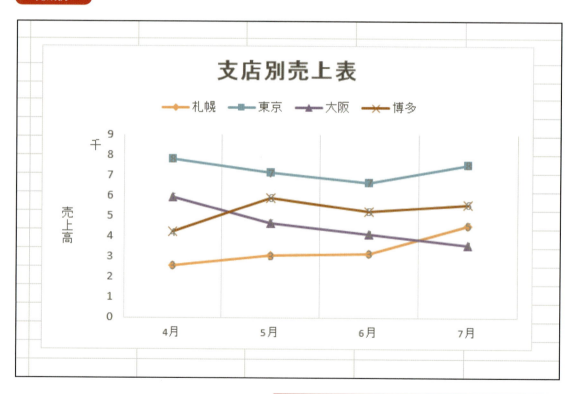

※「例題20」のファイルは、本書紹介のサポートページからダウンロードできます（2ページ参照）。

PART3 Chapter4 グラフを作成しよう

1 ▶▶ 目盛りの単位を変更する

「例題20」の折れ線グラフをデザインレイアウトします。

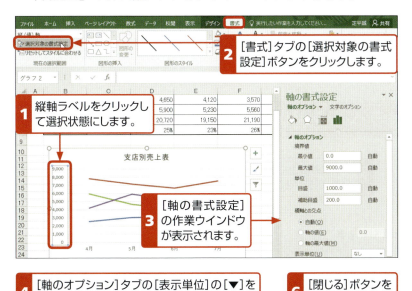

左図のシートは、本書紹介のサポートページからダウンロードできます（2ページ参照）。
基礎シート「例題20-1」
完成シート「例題20-2」

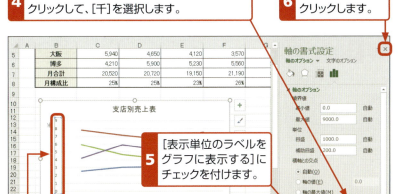

目盛りの数値が大きいと、グラフ表示での数値表示の横幅が大きく取られてしまいます。このような時、左欄 3 から 5 の操作のように、「表示単位」を設定することで表示桁数を短くすることができます。

グラフの作業ウィンドウ
グラフの編集作業を行う場合、［書式］タブの［選択対象の書式設定］ボタンをクリックすると、作業ウィンドウがグラフの右側に表示されます。

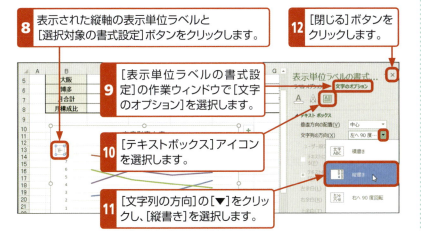

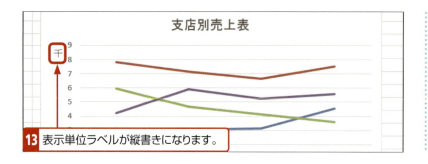

13 表示単位ラベルが縦書きになります。

2 ▶▶ グラフに軸ラベルを付ける

1 グラフをクリックして選択状態にします。

2 グラフの右上に表示される[グラフ要素]ボタンをクリックします。

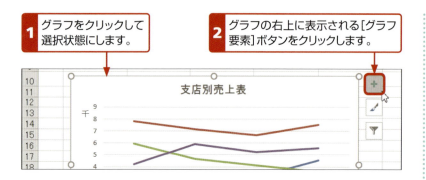

グラフの右上に表示される3つのボタン

グラフをクリックして選択状態にすると、グラフの右上に[グラフの要素][グラフスタイル][グラフフィルター]の3つのボタンが表示されます。この3つのボタンを使うことで、グラフの作業効率がよくなります。

3 [軸ラベル]にチェックを付けます。

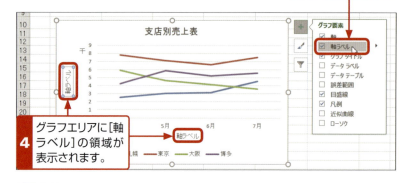

4 グラフエリアに[軸ラベル]の領域が表示されます。

グラフの要素

[グラフの要素]ボタンから、[軸ラベル]以外にも、[データラベル][データテーブル][目盛線][凡例]などを表示できます。

5 縦軸ラベルをクリックして入力し、前項同様縦書きに変更します。

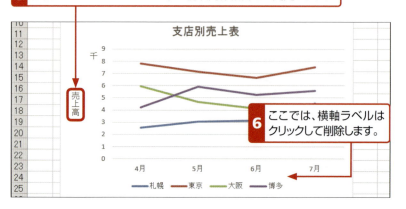

6 ここでは、横軸ラベルはクリックして削除します。

軸ラベルの削除

軸ラベルを削除するときは、クリックで選択してから[Delete]キーを押します。

3 ▶▶ グラフのスタイルと色を変更する

1 グラフをクリックして選択状態にします。

2 グラフの右上に表示される[グラフスタイル]ボタンをクリックします。

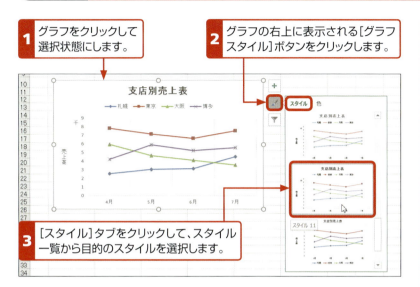

グラフのスタイル
[グラフスタイル]ボタンから、グラフの背景色やグラフのスタイルをデザインレイアウトすることができます。

3 [スタイル]タブをクリックして、スタイル一覧から目的のスタイルを選択します。

4 [色]タブをクリックして、グラフの色(ここでは「[カラフル]の[色4]」)を選択します。

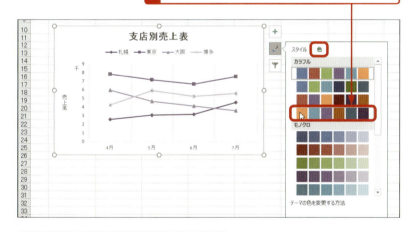

5 グラフのスタイルと色が変更されます。

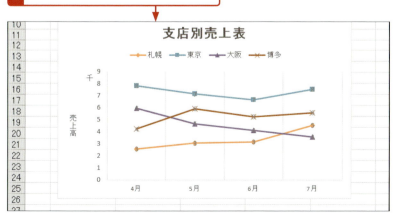

やってみよう！34

例題⓴の折れ線グラフに「データテーブル」を表示させてみましょう。

やってみよう！35

例題⓴の折れ線グラフの「グラフスタイル」を［スタイル4］［色6］にしてみましょう。

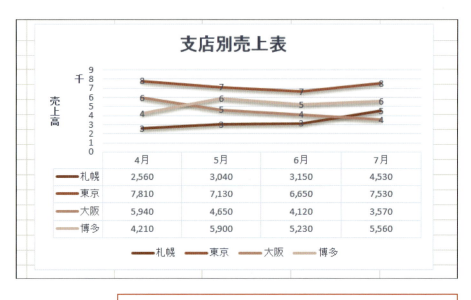

※「やってみよう！34」「やってみよう！35」のファイルは、本書紹介のサポートページからダウンロードできます（2ページ参照）。

PART 3　Chapter4　グラフを作成しよう

Lesson 4 グラフを印刷しよう

学習のポイント
- グラフの印刷の方法を学びます。
- グラフのみの印刷、グラフと表と一緒に印刷する方法を学びます。

例題 21　グラフを印刷しよう

完成例

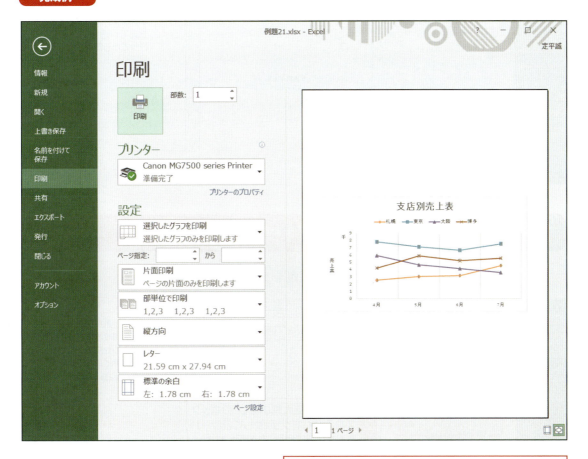

※「例題21」のファイルは、本書紹介のサポートページからダウンロードできます（2ページ参照）。

1 ▶▶ グラフだけを印刷する

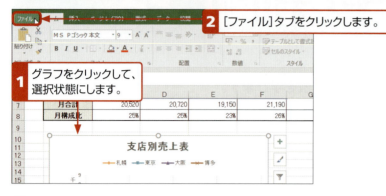

左図のシートは、本書紹介のサポートページからダウンロードできます（2ページ参照）。「例題21」

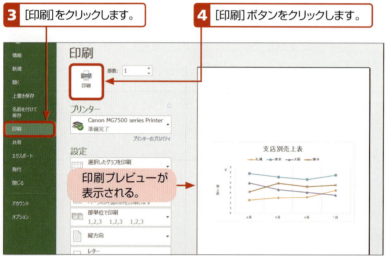

左欄3の操作を行うと、右側には印刷プレビュー画面が表示されます。印刷プレビュー画面を見て、適切なレイアウトを行ってから印刷するようにしましょう。

2 ▶▶ グラフと表をまとめて1枚に印刷する

［ファイル］タブをクリックした状態から解説します。

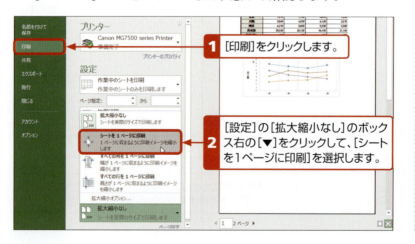

グラフが選択状態だと、グラフしか印刷できませんので、グラフ以外のセルをクリックしてから［ファイル］タブをクリックしてください。

PART 3　Chapter4　グラフを作成しよう

3 印刷プレビューを見ると、余白が多く、表とグラフが小さく、レイアウトのバランスが悪いのがわかります。

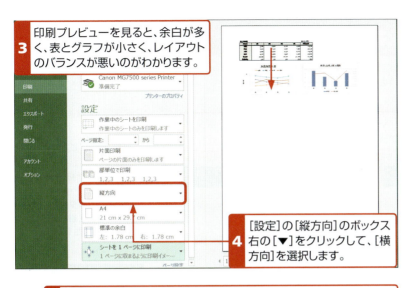

4 [設定]の[縦方向]のボックス右の[▼]をクリックして、[横方向]を選択します。

5 プレビューを見ると、表とグラフの印刷レイアウトが程よくなります。

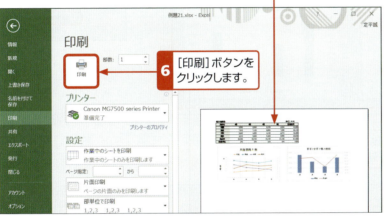

6 [印刷]ボタンをクリックします。

参考　印刷画面からページ設定をする方法

印刷画面の設定メニューの下の[ページ設定]をクリックすると、[ページ設定]ダイアログボックスが開き、印刷のページ設定や余白設定を行うことができます。

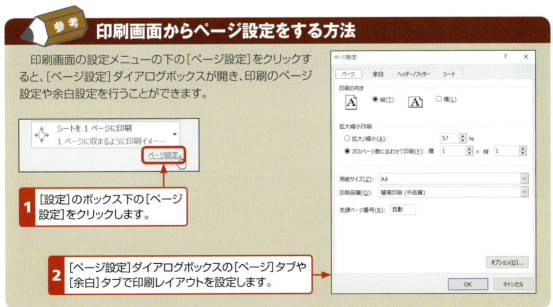

1 [設定]のボックス下の[ページ設定]をクリックします。

2 [ページ設定]ダイアログボックスの[ページ]タブや[余白]タブで印刷レイアウトを設定します。

3 ▶▶ 印刷範囲を指定する

ここでは表は印刷せず、2つのグラフを印刷します。

1 印刷する範囲をドラッグして選択します。

2 ［ページレイアウト］タブの［印刷範囲］ボタンから［印刷範囲の設定］を選択します。

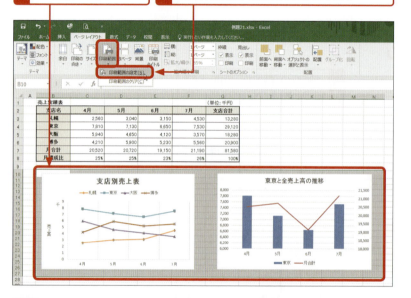

印刷範囲の削除

［ページレイアウト］タブの［印刷範囲］ボタンで［印刷範囲のクリア］を選択すると、設定した印刷範囲を削除できます。

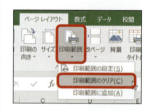

3 ［ファイル］タブの［印刷］で［印刷プレビュー］で設定した範囲のみ表示されていることが確認できます。

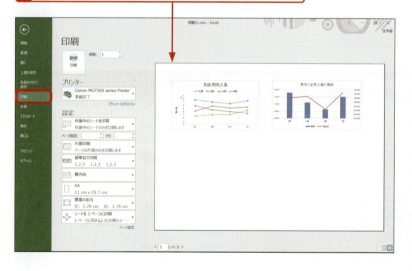

PART 3 Chapter 5 データベースを作成しよう

データを並べ替えよう

学習のポイント
- データベースの構造について学びます。
- データベースの基本操作である「並べ替え」の使い方を学びます。

例題 22　データを並べ替えよう

完成例

▼ 面接の得点の高い順に並べ替えた一覧表

試験結果

受験番号	氏名	フリガナ	性別	志望	一般常識	技術知識	面接
s0019	桐谷 鈴	キリヤスズ	2	営業	79	84	95
s0010	吉田 洋子	ヨシダヨウコ	2	開発	57	75	90
s0001	三浦 和夫	ミウラカズオ	1	企画	75	70	85
s0003	広瀬 奈央	ヒロセナオ	2	営業	94	85	85
s0007	有村 純子	アリムラジュンコ	2	企画	60	73	85
s0014	木村 史子	キムラフミコ	2	企画	73	85	85
s0013	西島 秀樹	ニシジマヒデキ	1	営業	54	65	81
s0006	片岡 啓介	カタオカケイスケ	1	開発	62	65	80
s0012	綾瀬 春美	アヤセハルミ	2	事務	66	76	80
s0009	窪田 庄司	クボタ ショウジ	1	開発	68	73	76
s0002	佐藤 健一	サトウケンイチ	1	開発	86	78	75
s0005	木村 拓蔵	キムラタクゾウ	1	企画	63	59	75
s0016	谷原 雄介	タニハラユウスケ	1	事務	88	55	75
s0020	松本 淳一	マツモトジュンイチ	1	事務	67	56	75
s0004	北川 裕子	キタガワユウコ	2	開発	56	95	72
s0008	松田 優太	マツダユウタ	1	事務	55	64	70
s0017	大島 圭子	オオシマケイコ	2	企画	65	60	66
s0011	市原直人	イチハラナオト	1	営業	78	71	65
s0018	境 雅夫	サカイマサオ	1	開発	71	67	55
s0015	綾野 毅	アヤノタケシ	1	事務	67	76	52

※「例題22」のファイルは、本書紹介のサポートページからダウンロードできます（2ページ参照）。

1 ▶▶ データベースの構造を知る

　Excelでデータベースを使うにあたって、基本的なデータベースの構造と名称を理解しましょう。

試験結果								
受験番号	氏名	フリガナ	性別	志望	一般常識	技術知識	面接	
s0001	三浦 和夫	ミウラカズオ	1	企画	75	70	85	
s0002	佐藤 健一	サトウケンイチ	1	開発	86	78	75	
s0003	広瀬 奈央	ヒロセナオ	2	営業	94			← フィールド名
s0004	北川 裕子	キタガワユウコ	2	開発	56			
s0005	木村 拓蔵	キムラタクゾウ	1	企画	63	59	75	
s0006	片岡 啓介	カタオカケイスケ	1	開発	62	65	80	
s0007	有村 純子	アリムラジュンコ	2	企画	60	73	85	
s0008	松田 優太	マツダユウタ	1	事務	55	64	70	
s0009	窪田 庄司	キボタ ショウジ	1	企画	68	73	76	
s0010	吉田 洋子	ヨシダヨウコ	2	開発	57	75	90	
s0011	市原直人	イチハラナオト	1	営業	78	71	65	
s0012	綾瀬 春美	アヤセハルミ	2	事務	66	76	80	
s0013	西島 秀樹	ニシジマヒデキ	1	営業	54	65	81	←
s0014	木村 史子	キムラフミコ	2	企画	73	85	85	
s0015	綾野 毅	アヤノタケシ	1	事務	67	76	52	
s0016	谷原 雄介	タニハラユウスケ	1	事務	88	55	75	
フィールド →	圭子	オオシマケイコ	2	企画	65	60		レコード
	夫	サカイマサオ	1	開発	71	67		
s0019	桐谷 鈴	キリヤスズ	2	営業	79	84	95	
s0020	松本 淳一	マツモトジュンイチ	1	事務	67	56	75	

> **用語**
> **データベース**
> データの共有化や統合管理を目的として、同じ種類のデータを一定のルールで集積管理する構造をいいます。

◆**レコード**
　1件ごとのデータの集まりをいいます。
◆**フィールド**
　列ごとの同じ項目のデータをいいます。
◆**フィールド名**
　列ごとのデータを識別するための名称をいいます。Excelでは、列ラベル（見出し）と呼ばれています。

参考　データの自動番号入力

　データベースに数字のみの連番を付けたい場合は、最初の2つだけ番号を入力し、その2つのセルをドラッグし、セルの右端隅にマウスポインターを合わせ、再びドラッグします。
　連番には数値だけでなく、文字が入っていてもかまいません。また、連番が文字入りで、1番おきの場合のみ、最初の1つだけ番号を入力し、そのセルの右端隅にマウスポインターを合わせドラッグしてもできます。

試験結果	
受験番号	氏名
s0001	三浦 和夫
	佐藤 健一
	広瀬 奈央
	北川 裕子
	木村 拓蔵
	片岡 啓介
	有村 純子
	松田 優太
	窪田 庄司
	吉田 洋子
	市原直人
	綾瀬 春美
	西島 秀樹
	木村 史子
	綾野 毅
	谷原 雄介
	大島 圭子
	境 雅夫
	桐谷 鈴
	松本 淳一
s0020	

PART3 Chapter5 データベースを作成しよう

2 ▶▶ データを並べ替える

●1つのキーを指定して並べ替える

ここでは、レコードを「一般常識」の得点の高い順に並べ替えてみます。

1 並べ替えるフィールド「一般常識」の任意のセルをクリックします。

2 [データ]タブの[降順]ボタンをクリックします。

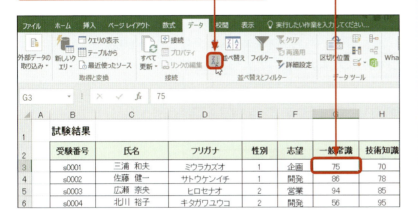

3 一般常識の得点の高い順に並べ替わります。

並べ替えを始めとするデータベース処理を行うときは、元のデータベース（処理前）は必ず保存しておきましょう。

左図のシートは、本書紹介のサポートページからダウンロードできます（2ページ参照）。
「例題22」

並べ替え
ある項目のデータを基準にして、そのデータを順番（数値、アルファベット、かな順）に並べ替えることをいいます。
「ソート」ともいいます。

昇順と降順
昇順は、数値の場合、小さいほうから大きいほうへ順に、アルファベットの場合は、「A」から順に、カナの場合は、「ア」から順に並べ替えられます。降順は、昇順の逆に並べ替えられます。

 漢字の並べ替え

カナは「アイウエオ順」（昇順）、またはその逆（降順）に並べ替えることができますが、漢字は、読み方の違いもあり、並べ替えは、完全にはできません。
名前などの項目で並べ替えが必要な場合には、データベースに「フリガナ」の項目を設けておきましょう。

●2つ以上のキーを指定して並べ替える

同様に、レコードを「面接」の得点の高い順に並べ替えたいと思いますが、「面接」の得点が同じ値のデータがあります。

このような場合、優先順位を決めるために、次に基準となるフィールドを決め（ここでは「技術知識」）、同じ値はその基準でさらに並べ替えを行います。

1 並べ替えるフィールド「面接」の任意のセルをクリックします。

2 [データ]タブの[並べ替え]ボタンをクリックします。

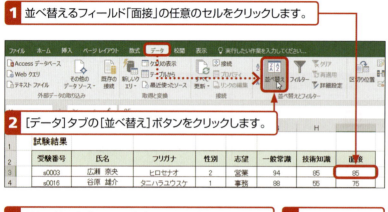

3 [並べ替え]ダイアログボックスで、[最優先されるキー]の▼をクリックして、「面接」を選択します。

4 [順序]は[降順]を選択します。

5 [レベルの追加]ボタンをクリックします。

6 [次に優先されるキー]の▼をクリックして、「技術知識」を選択します。

7 [順序]は[降順]を選択します。

8 [OK]ボタンをクリックします。

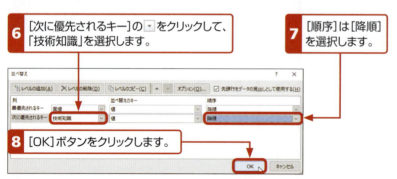

9 データが並べ替わります。

チェック

2つ以上のキーを指定して並べ替える場合は、[並べ替え]ボタンをクリックして操作を行います。前項のように、降順ボタンや昇順ボタンではできません。

チェック

キーを追加する
左欄 **5** - **8** と同様の操作を行い指定します。

注意

並べ替えしたデータで繰り返し違うキー(項目)で並べ替えを行うと、項目名も並べ替えられてしまうことがあります。そのような状況が生じた場合、一度保存するか、ファイルを閉じてください。そして再度、そのファイルを開いて並べ替えを行ってください。

PART 3 Chapter5 データベースを作成しよう

やってみよう！36 ▶▶

例題22の一覧データを「アイウエオ順」に並べ替えてみましょう。

	A	B	C	D	E	F	G	H	I	J
1		試験結果								
2		受験番号	氏名	フリガナ	性別	志望	一般常識	技術知識	面接	
3		s0012	綾瀬 春美	アヤセハルミ	2	事務	66	76	80	
4		s0015	綾野 毅	アヤノタケシ	1	事務	67	76	52	
5		s0007	有村 純子	アリムラジュンコ	2	企画	60	73	85	
6		s0011	市原直人	イチハラナオト	1	営業	78	71	65	
7		s0017	大島 圭子	オオシマケイコ	2	企画	65	60	66	
8		s0006	片岡 啓介	カタオカケイスケ	1	開発	62	65	80	
9		s0004	北川 裕子	キタガワユウコ	2	開発	56	95	72	
10		s0009	窪田 庄司	キボタ ショウジ	1	開発	68	73	76	
11		s0005	木村 拓蔵	キムラタケゾウ	1	企画	63	59	75	
12		s0014	木村 史子	キムラフミコ	2	企画	73	85	85	
13		s0019	桐谷 鈴	キリヤスズ	2	営業	79	84	95	
14		s0018	境 雅夫	サカイマサオ	1	開発	71	67	55	
15		s0002	佐藤 健一	サトウケンイチ	1	開発	86	78	75	
16		s0016	谷原 雄介	タニハラユウスケ	1	事務	88	55	75	
17		s0013	西島 秀樹	ニシジマヒデキ	1	営業	54	65	81	
18		s0003	広瀬 奈央	ヒロセナオ	2	営業	94	85	85	
19		s0008	松田優太	マツダユウタ	1	事務	55	64	70	
20		s0020	松本 淳一	マツモトジュンイチ	1	事務	67	56	75	
21		s0001	三浦 和夫	ミウラカズオ	1	企画	75	70	85	
22		s0010	吉田 洋子	ヨシダヨウコ	2	開発	57	75	90	

やってみよう！37 ▶▶

例題22の一覧データを「面接」の得点の「高い順」に並べ替えをし、同点の場合は、「アイウエオ順」に並べてみましょう。

	A	B	C	D	E	F	G	H	I	J
1		試験結果								
2		受験番号	氏名	フリガナ	性別	志望	一般常識	技術知識	面接	
3		s0019	桐谷 鈴	キリヤスズ	2	営業	79	84	95	
4		s0010	吉田 洋子	ヨシダヨウコ	2	開発	57	75	90	
5		s0007	有村 純子	アリムラジュンコ	2	企画	60	73	85	
6		s0014	木村 史子	キムラフミコ	2	企画	73	85	85	
7		s0003	広瀬 奈央	ヒロセナオ	2	営業	94	85	85	
8		s0001	三浦 和夫	ミウラカズオ	1	企画	75	70	85	
9		s0013	西島 秀樹	ニシジマヒデキ	1	営業	54	65	81	
10		s0012	綾瀬 春美	アヤセハルミ	2	事務	66	76	80	
11		s0006	片岡 啓介	カタオカケイスケ	1	開発	62	65	80	
12		s0009	窪田 庄司	キボタ ショウジ	1	開発	68	73	76	
13		s0005	木村 拓蔵	キムラタケゾウ	1	企画	63	59	75	
14		s0002	佐藤 健一	サトウケンイチ	1	開発	86	78	75	
15		s0016	谷原 雄介	タニハラユウスケ	1	事務	88	55	75	
16		s0020	松本 淳一	マツモトジュンイチ	1	事務	67	56	75	
17		s0004	北川 裕子	キタガワユウコ	2	開発	56	95	72	
18		s0008	松田優太	マツダユウタ	1	事務	55	64	70	
19		s0017	大島 圭子	オオシマケイコ	2	企画	65	60	66	
20		s0011	市原直人	イチハラナオト	1	営業	78	71	65	
21		s0018	境 雅夫	サカイマサオ	1	開発	71	67	55	
22		s0015	綾野 毅	アヤノタケシ	1	事務	67	76	52	

Lesson 2 データを検索しよう

学習のポイント
- データベースの中から瞬時に、目的のデータを探し出す方法を学びます。
- データの検索と抽出方法を学びます。

例題 23　目的のデータを探そう

完成例

▼ ［一般常識］のベストテンのデータを抽出した表

	A	B	C	D	E	F	G	H	I	J
1		試験結果								
2		受験番号	氏名	フリガナ	性別	志望	一般常識	技術知識	面接	
3		s0001	三浦 和夫	ミウラカズオ	1	企画	75	70	85	
4		s0002	佐藤 健一	サトウケンイチ	1	開発	86	78	75	
5		s0003	広瀬 奈央	ヒロセナオ	2	営業	94	85	85	
11		s0009	窪田 庄司	クボタ ショウジ	1	開発	68	73	76	
13		s0011	市原直人	イチハラナオト	1	営業	78	71	65	
16		s0014	木村 史子	キムラフミコ	2	企画	73	85	85	
17		s0015	綾野 毅	アヤノタケシ	1	事務	67	76	52	
18		s0016	谷原 雄介	タニハラユウスケ	1	事務	88	55	75	
20		s0018	境 雅夫	サカイマサオ	1	開発	71	67	55	
21		s0019	桐谷 鈴	キリヤスズ	2	営業	79	84	95	
22		s0020	松本 淳一	マツモトジュンイチ	1	事務	67	56	75	
23										

PART 3 Chapter5 データベースを作成しよう

1 ▶▶ データを検索する

1 検索を開始するセルをクリックします。

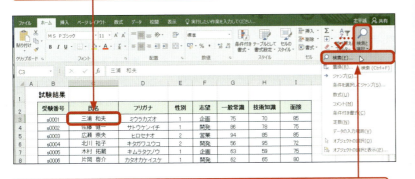

2 [ホーム]タブの[検索と選択]ボタンをクリックして、[検索]を選択します。

データの置換
[検索と選択]ボタンをクリックして、[置換]タブを選択すると、検索したデータに対して、指定した値や文字などに置き換えることができます。

3 [検索と置換]ダイアログボックスの[検索]タブで、[検索する文字列]を入力します(ここでは、「*村」とワイルドカードを使う)。

4 [次を検索]ボタンをクリックします。

ワイルドカード
データ検索で名称などフルスペルがわからない場合、「*」や「?」のワイルドカードを使って検索すると便利です。「*」は任意の長さの任意の文字、「?」が任意の1文字を意味します。

5 文字列が検索されます。

6 続けて、[次を検索]ボタンをクリックすると、文字列が検索されます。

2 ▶▶ データを抽出する

●オートフィルターでデータを抽出する

ここでは、女性のデータを抽出します。

1 リスト内の任意のセルをクリックします。

2 [データ]タブの[フィルター]ボタンをクリックします。

3 すべての列ラベルに▼ボタンが表示されます。

4 性別の▼ボタンをクリックします。

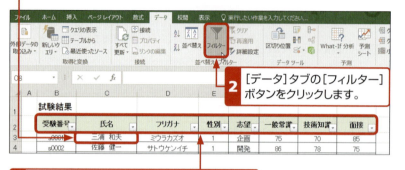

5 [2]だけチェックを付けます。

6 [OK]ボタンをクリックします。

7 女性のデータが抽出されます。

用語

オートフィルター
データベースなどのリストにおいて、列ラベルごとに条件設定し、その条件を満たしたレコードのみが表示される機能をいいます。

チェック

オートフィルターの解除
再び、[フィルター]ボタンをクリックすると、オートフィルターは解除されます。

PART3 Chapter5 データベースを作成しよう

●オートフィルターでトップテンを表示する

「一般常識」の上位10人を表示します。

オートフィルターが設定されている状態から解説します。

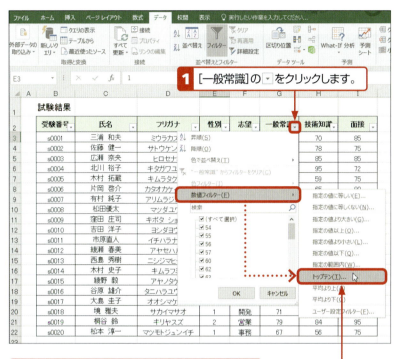

1 [一般常識]の ▼ をクリックします。

2 [数値フィルター]の[トップテン]を選択します。

3 [上位]、[10]、[項目]を選択します。

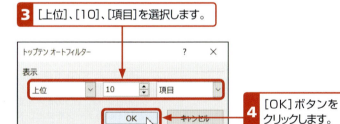

4 [OK]ボタンをクリックします。

5 「一般常識」の上位10位が表示されます。

チェック
[項目]と[パーセント]の違い

[項目]は上位、または下位から何個データを抽出するかを設定します。

[パーセント]は上位、または下位から何%のデータを抽出するかを設定します。

チェック
絞り込みしたデータを元データとは別に残す

絞込みをしたリスト範囲をコピーし、元のリストのセルとは別のセル、もしくは別のワークシートに貼り付けをします。

237

●条件設定をしてデータを抽出する

ここでは、「一般常識」が「80点以上100点以下」のデータを抽出してみます。

オートフィルターが設定されている状態から解説します。

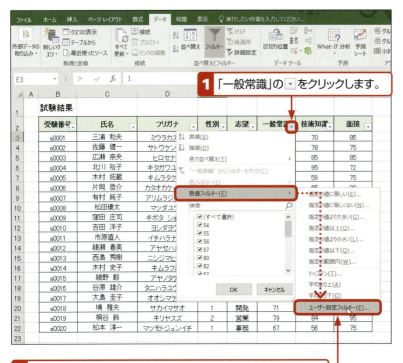

1 「一般常識」の ▼ をクリックします。

2 [数値フィルター]の[ユーザー設定フィルター]を選択します。

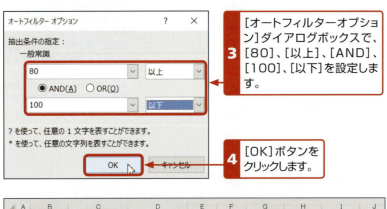

3 [オートフィルターオプション]ダイアログボックスで、[80]、[以上]、[AND]、[100]、[以下]を設定します。

4 [OK]ボタンをクリックします。

> **チェック**
>
> **2つの条件を設定する**
> [AND]と[OR]を使って、2つの条件を設定します。
> [AND]は、2つの条件を満たしているデータを抽出します。[OR]は、いずれか一方の条件を満たしているデータを抽出します。

5 「一般常識」が「80点以上100点以下」までのデータが抽出されます。

PART3 Chapter5 データベースを作成しよう

やってみよう！38 ▶▶

　例題㉒のデータから「技術知識」が「70以上」を抽出し、「技術知識」の得点の「高い順」に並べてみましょう。

	A	B	C	D	E	F	G	H	I	J
1		試験結果								
2		受験番号	氏名	フリガナ	性別	志望	一般常識	技術知識	面接	
3		s0004	北川 裕子	キタガワユウコ	2	開発	56	95	72	
4		s0003	広瀬 奈央	ヒロセナオ	2	営業	94	85	85	
5		s0014	木村 史子	キムラフミコ	2	企画	73	85	85	
6		s0019	桐谷 鈴	キリヤスズ	2	営業	79	84	95	
9		s0002	佐藤 健一	サトウケンイチ	1	開発	86	78	75	
11		s0012	綾瀬 春美	アヤセハルミ	2	事務	66	76	80	
12		s0015	綾野 毅	アヤノタケシ	1	事務	67	76	52	
13		s0010	吉田 洋子	ヨシダヨウコ	2	開発	57	75	90	
14		s0007	有村 純子	アリムラジュンコ	2	企画	60	73	85	
16		s0009	窪田 庄司	キボタ ショウジ	1	開発	68	73	76	
17		s0011	市原直人	イチハラナオト	1	営業	78	71	65	
21		s0001	三浦 和夫	ミウラカズオ	1	企画	75	70	85	

やってみよう！39 ▶▶

　例題㉒のデータから「一般常識」が「80以上」かつ、「面接」も「80以上」を抽出してみましょう。

	A	B	C	D	E	F	G	H	I	J
1		試験結果								
2		受験番号	氏名	フリガナ	性別	志望	一般常識	技術知識	面接	
4		s0003	広瀬 奈央	ヒロセナオ	2	営業	94	85	85	

Lesson 1 予測シートを作成しよう

学習のポイント
- Excel 2016から新機能として追加された予測シートの作り方を学びます。
- 作成した予測シートを使って、将来の値や動向を予測する方法を学びます。

例題 24　将来の売上高を予測しよう

完成例

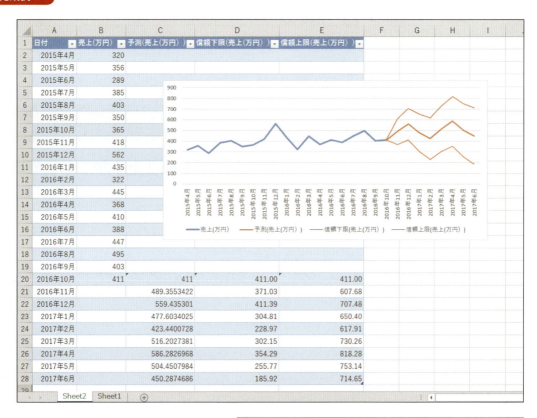

※「例題24」のファイルは、本書紹介のサポートページからダウンロードできます（2ページ参照）。

240

PART 3 Chapter6 データを分析しよう

1 ▶▶ 予測シートを作成する

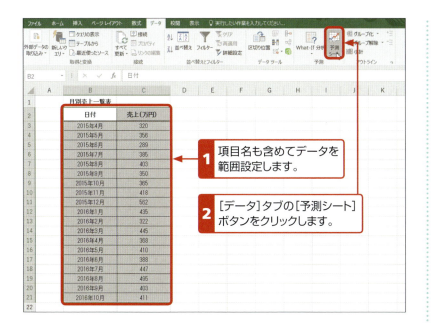

1 項目名も含めてデータを範囲設定します。

2 [データ]タブの[予測シート]ボタンをクリックします。

チェック
左図のシートは、本書紹介のサポートページからダウンロードできます(2ページ参照)。
基礎シート「例題24-1」
完成シート「例題24-2」

用語
予測シート
既存のデータをもとに、その値がどのように変化するかを予測します。将来の売上高、商品の搬入や在庫などの動向を分析することができます。

3 予測分析のグラフのイメージが表示されます。

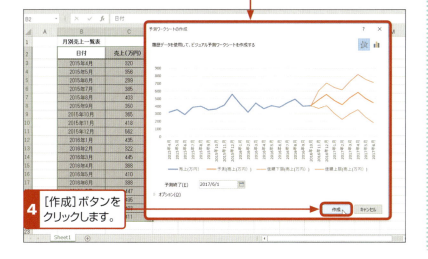

4 [作成]ボタンをクリックします。

注意
予測シート機能を使う場合は、[日付]と[売上]のように時系列ベースのデータが必要です。

参考 信頼区間

オレンジで表示される[予測][信頼下限][信頼上限]の3種類が予測の信頼区間になります。
この信頼区間の初期値は95%です。この信頼区間を変更する場合は、上欄 3 の操作の[予測ワークシートの作成]画面の左下の[オプション]をクリックし、[信頼区間]の欄に数値(%)を入力します。

5 新規シート(Sheet2)に予測値を含む表とグラフが作成されます。

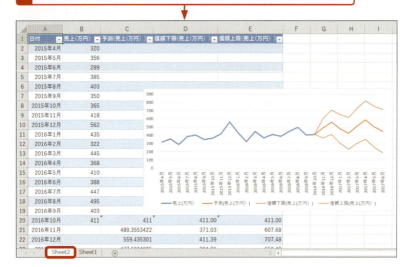

予測値を含む表とグラフは新規シート[Sheet2]に作られます。

予測シートの見方
信頼区間95％で設定されていることから、将来のポイントの95％がオレンジの範囲に含まれることが予測されます。例えば、2016年の12月の場合、約559万円と予測され、約411円万から707万円の範囲にあることが予測されます。

参考　分析グラフを棒グラフで表示

　データの推移を見るには、折れ線グラフが一般的に使われますが、棒グラフで表示することもできます。表示方法は、[データ]タブの[予測シート]ボタンをクリックすると、予測分析の折れ線グラフのイメージが表示されますが、右上の[縦棒グラフの作成]ボタンをクリックすると、棒グラフで予想分析を表示することができきます。

PART3 Chapter6 データを分析しよう

やってみよう！40 ▶▶

　例題㉔のデータを使って、信頼区間を75％にし、分析グラフを棒グラフで表してみましょう。

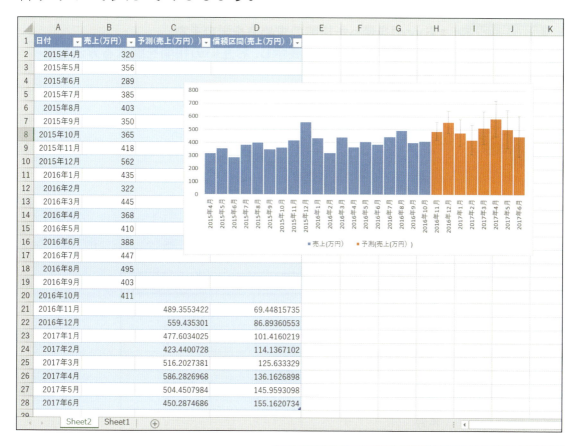

※「やってみよう！40」のファイルは、本書紹介のサポートページからダウンロードできます（2ページ参照）。

Lesson 2 相関を求めよう

学習のポイント
- Excelを使った相関の求め方を学びます。
- 相関係数と散布図を表示し、お互いの相関を調べる方法を学びます。

例題 25　成績と実力の相関関係を調べよう

完成例

	1	2	3	4	5	6	7
1		社員データ					
2		氏名	筆記成績	面接成績	2年後の実力		
3		岩崎	8	10	8		
4		猪瀬	5	7	6		
5		吉井	6	7	8		
6		木村	5	10	7		
7		小島	9	6	5		
8		斉藤	7	5	5		
9		黒岩	9	8	7		
10		宮澤	7	5	5		
11		増田	4	8	6		
12		森	9	7	8		
13							
14		それぞれの組み合わせの相関係数(r)を求める。					
15							
16			筆記成績	面接成績	2年度の実力		
17		筆記成績	1				
18		面接成績	-0.193438295	1			
19		2年度の実力	0.118107307	0.668800528	1		
20							

※「例題25」のファイルは、本書紹介のサポートページからダウンロードできます(2ページ参照)。

PART3 Chapter6 データを分析しよう

1 ▶▶ 分析ツールを追加する

　ここで行う「相関」を求めるためには「分析ツール」を追加しなければなりません。初期設定のExcelの機能には組み込まれていませんので、アドインを使って機能を追加します。

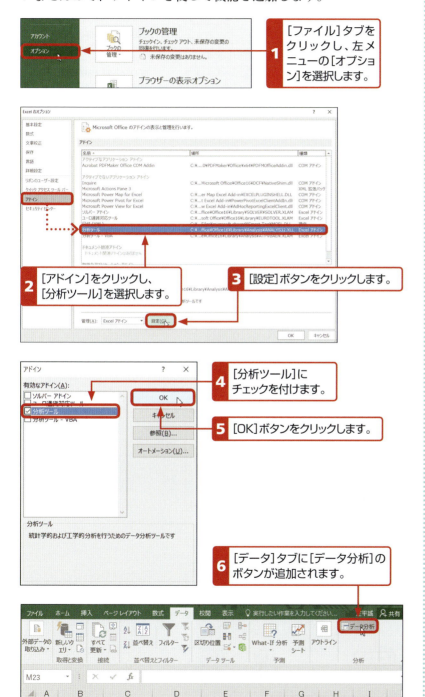

用語

アドイン
ソフトウェアに新たな機能を持つプログラムを追加すること、またはその手続きをいいます。

1 [ファイル]タブをクリックし、左メニューの[オプション]を選択します。

2 [アドイン]をクリックし、[分析ツール]を選択します。

3 [設定]ボタンをクリックします。

4 [分析ツール]にチェックを付けます。

5 [OK]ボタンをクリックします。

6 [データ]タブに[データ分析]のボタンが追加されます。

2 ▶▶ 相関を求める

ここで行う「相関」を求めるためには先程追加した「分析ツール」を使用します。

左図のシートは、本書紹介のサポートページからダウンロードできます（2ページ参照）。
基礎シート「例題25-1」
完成シート「例題25-2」

相関

2つの量的変数において、一方の変数が変化したとき、もう一方の変数もそれに伴って変化することを相関があるといいます。

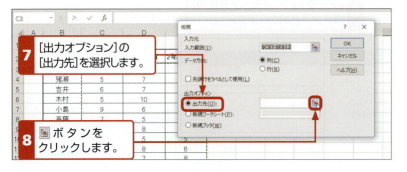

PART 3 Chapter6 データを分析しよう

9 出力する相関表の位置を指定します。

10 ボタンをクリックして前のメニューに戻ります。

 相関係数
相関の強さは相関係数で表します。相関係数は「−1から＋1まで」の値をとり、絶対値が「1」に近いほど相関が強いと判断します。

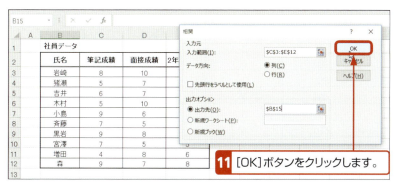

11 [OK]ボタンをクリックします。

 正の相関と負の相関
正の相関とは一方の値が大きくなるとき、もう一方の値も大きくなるという関係を持ちます。負の相関とは一方の値が大きくなるとき、もう一方の値は小さくなるという関係を持ちます。

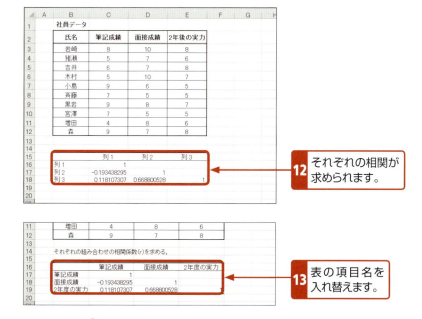

12 それぞれの相関が求められます。

13 表の項目名を入れ替えます。

 相関係数における相関の目安
0〜0.2（0〜−0.2）
→ほとんど相関がない
0.2〜0.4（−0.2〜−0.4）
→やや相関がある
0.4〜0.7（−0.4〜−0.7）
→かなり相関がある
0.7〜1.0（−0.7〜−1.0）
→強い相関がある

参考 相関結果からわかること

ここで表示された相関表からわかることは、「筆記成績」と「面接成績」の相関係数が「約−0.19」、「筆記成績」「2年後の実力」の相関係数が「約0.12」で、この2つの事象の間にはほとんど相関がありません。
それに対し、「面接成績」と「2年後の実力」の相関係数は「約0.67」と正の相関がかなり強く見られます。
このことから、2年後の実力を計るには、筆記試験はあまり意味がなく、面接の試験結果が重要であると言えます。

やってみよう！41 ▶▶

　下図のチェーン店の「周囲人口」、「競合店の数」、「売上高」の
データをもとに、それぞれの相関を求めてみましょう。

	A	B	C	D	E	F
1		チェーン店の売上高				
2		店名	周囲人口	競合店の数	売上高	
3		A	325	4	130	
4		B	320	3	112	
5		C	156	3	92	
6		D	480	5	270	
7		E	352	7	166	
8		F	486	6	180	
9		G	403	5	160	
10		H	620	8	229	
11						
12						

やってみよう！42 ▶▶

　やってみよう！41で求めた相関結果から、どのようなことが言え
るか考察してみましょう。

	A	B	C	D	E	F
1		チェーン店の売上高				
2		店名	周囲人口	競合店の数	売上高	
3		A	325	4	130	
4		B	320	3	112	
5		C	156	3	92	
6		D	480	5	270	
7		E	352	7	166	
8		F	486	6	180	
9		G	403	5	160	
10		H	620	8	229	
11						
12						
13			周囲人口	競合店の数	売上高	
14		周囲人口	1			
15		競合店の数	0.783552509	1		
16		売上高	0.838432128	0.656836306	1	
17						

※「やってみよう！41」「やってみよう！42」のファイルは、本書紹介のサ
ポートページからダウンロードできます（2ページ参照）。

PART 4

PowerPoint 2016を
マスターしよう

▶▶ **Chapter 1** スライドを作成しよう
▶▶ **Chapter 2** ビジュアル要素を設定しよう
▶▶ **Chapter 3** プレゼンテーションをしよう

スライドを作成しよう

学習のポイント
- スライド作成の基本操作を学びます。
- プレースホルダーに文字を入力する方法について学びます。

例題 26 スライドを作ろう

完成例

※「例題26」のファイルは、本書紹介のサポートページからダウンロードできます（2ページ参照）。

PART 4 | Chapter1 　スライドを作成しよう

1 ▶▶ PowerPoint 2016を起動する

1 スタート画面から[PowerPoint 2016]をクリックします。

> **チェック**
> **ショートカットの作成**
> デスクトップにPowerPoint 2016のショートカットアイコンを作成し、そのアイコンをダブルクリックして起動することもできます。ショートカットアイコンの作り方は、Part1のChapter1のLesson2（30ページ）を参照してください。

2 PowerPoint 2016のテンプレートが開きます。

3 [新しいプレゼンテーション]をクリックします。

> **チェック**
> **起動時にテンプレート一覧**
> 起動直後には、テンプレート一覧が表示されます。このテンプレート一覧には、最近使ったファイルも表示されます。

4 新規プレゼンテーションの編集画面が表示されます。

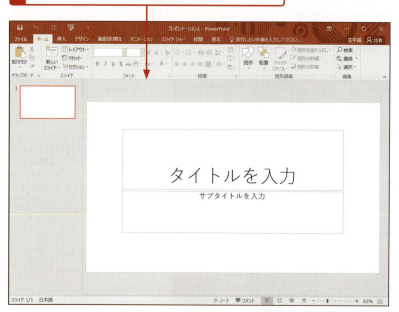

 [新しいプレゼンテーション]が起動時に開くように設定する方法

　PowerPoint 2016を起動するたびに、テンプレート画面が表示されるのが煩わしい場合は、起動時に[新しいプレゼンテーション]が開くように設定し直すことができます。
　設定変更は、PowerPointのファイルを開いた状態から、次の操作を行います。

① [ファイル]タブをクリックし、[オプション]の[基本設定]を選択します。
② [このアプリケーションの起動時にスタート画面を表示する]のチェックを外して、[OK]ボタンをクリックします。

PART 4　Chapter1　スライドを作成しよう

2 ▶▶ 画面の名称と機能を知る

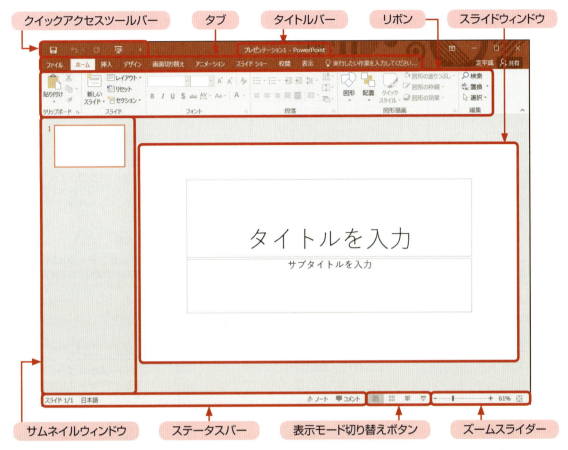

- ◆ **クイックアクセスツールバー**
  利用頻度の高いボタンをまとめたものです。ボタンの追加、削除のカスタマイズが可能です。
- ◆ **タイトルバー**
  編集中のファイル名（スライド名）が表示されます。
- ◆ **タブ**
  9つのタブによって構成されています。
- ◆ **リボン**
  機能別にタブによって分類されています。
- ◆ **スライドウィンドウ**
  スライドを作成・編集する場所です。
- ◆ **サムネイルウィンドウ**
  すべてのスライドをサムネイル表示します。
- ◆ **ズームスライダー**
  表示倍率を変更することができます。
- ◆ **ステータスバー**
  現在編集中の文書情報（ページや行数など）を表示します。
- ◆ **表示モード切り替えボタン**
  編集画面の表示方法を変更することができます。

> **チェック**
>
> **クイックアクセスツールバーのユーザー設定**
> クイックアクセスツールバーの をクリックして、必要なものにチェックマークを付けましょう。下図の5つのボタンを設定しておくと便利です
>
>

3 ▶▶ スライドに文字を入力する

1 タイトル枠内をクリックし、タイトルを入力します。

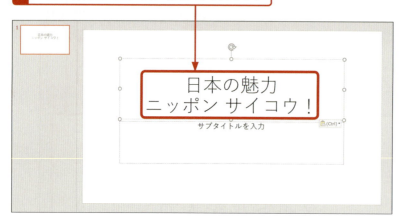

2 サブタイトル枠内をクリックし、サブタイトルを入力します。

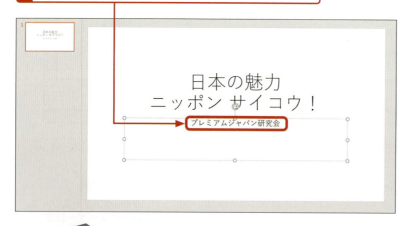

PowerPoint 2016の既定のフォントは「游ゴシック」になりました。

スライド
テキストやグラフ、イラストを載せる1枚のプレートを「スライド」といいます。

プレゼンテーション
発表用の資料として複数のスライドを編集したひとつのファイルを「プレゼンテーション」といいます。

プレースホルダー
スライドにテキストやグラフ、イラストなどのコンテンツを入力する枠があらかじめ設定されています。この枠を「プレースホルダー」といいます。枠の外側をクリックすると枠は消え、入力したテキストなどをクリックすると枠が再び表示され、編集状態になります。

参考 プレースホルダーの種類

[ホーム]タブの[スライド]グループの[レイアウト]ボタンをクリックすると、テキストやグラフやイラストなどのコンテンツを入力するさまざまなスライドのレイアウトが表示されます。

このスライドのレイアウトを利用すると簡単にスライドを作成することができます。作成するスライドのレイアウトと一致するものがあれば利用すると便利です。

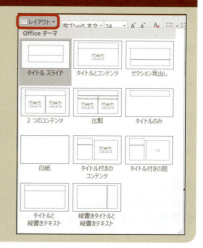

PART 4 Chapter1 スライドを作成しよう

4 ▶▶ スライドを追加する

1 スライドをクリックして選択します。

2 [ホーム]タブの[新しいスライド]ボタンをクリックします。

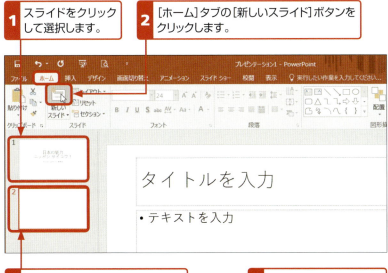

3 新しいスライドが追加されます。

4 テキストを入力します。

5 同様に、3枚から5枚まで[新しいスライド]を追加し、テキストを入力します。

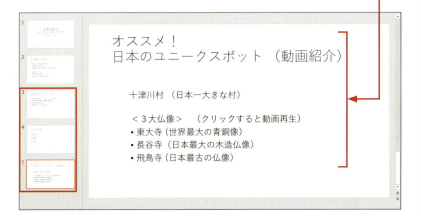

スライドの追加位置
選択したスライドの後に新しいスライドが追加されます。

左欄 **2** の操作で、そのほかのプレースホルダーを追加したい場合は、[新しいスライド]ボタンの[▼]をクリックし、一覧表から選択します。

スライドサイズの変更
PowerPoint 2016では、スライドサイズがワイドスクリーン対応（16：9）になっています。
標準サイズ（4：3）に変更するには、[デザイン]タブの[スライドサイズ]で[標準]を選択します。

スライドを追加した場合、[タイトルとコンテンツ]のスライドのレイアウトが採用されます。スライドのレイアウトを変更したい場合は、[ホーム]タブの[スライド]グループの[レイアウト]から選択してください。

左図のスライドは、本書紹介のサポートページからダウンロードできます（2ページ参照）。
「例題26」

255

5 ▶▶ スライドを保存する

ここでは、「ドキュメント」フォルダーに保存します。

1 [ファイル]タブをクリックし、[名前を付けて保存]を選択します。

2 [このPC]をクリックします。

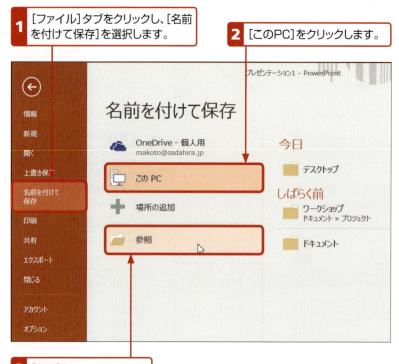

保存された文書に編集作業を行った場合、2通りの保存方法があります。
1. 上書き保存
   編集前の状態のファイルはなくなります。
2. 名前を付けて保存
   編集前のファイルと別のファイルで保存します。

3 [参照]をクリックします。

4 [ドキュメント]をクリックして、保存場所を指定します。

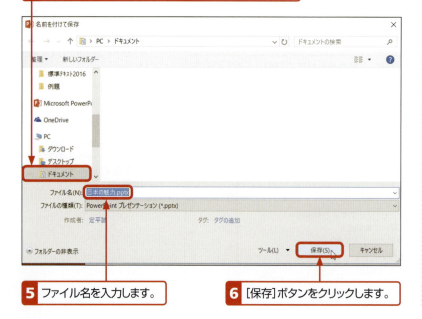

5 ファイル名を入力します。

6 [保存]ボタンをクリックします。

PART 4　Chapter1　スライドを作成しよう

やってみよう! 43 ▶▶

　例題❷の「日本の魅力」ファイルを、OneDriveに保存してみましょう。

やってみよう! 44 ▶▶

　例題❷の「日本の魅力」ファイルを、USBメモリに保存してみましょう。

Lesson 2 スライドをデザインしよう

学習のポイント
- 作成したスライドのデザイン手法を学びます。
- 文字の書式、配色などのデザインレイアウトやデザインテンプレートなどの使い方を学びます。

例題 27　スライドをデザインしよう

完成例

※「例題27」のファイルは、本書紹介のサポートページからダウンロードできます(2ページ参照)。

PART4 Chapter1 スライドを作成しよう

1 ▶▶ スライドにデザインを適用する

1 [デザイン]タブの[テーマ]グループの右下端の ボタンをクリックします。

左図のスライドは、本書紹介のサポートページからダウンロードできます（2ページ参照）。「例題27」

2 [テーマ]の一覧表のデザイン（ここでは[メインイベント]）にマウスポインターを合わせます。

3 マウスポインターを合わせたデザインがプレビュー表示されます。

4 目的のデザイン上でクリックすると、すべてのスライドに選択したデザインが適用されます。

2 ▶▶ スライドのデザインを変更する

すべてのスライドを異なったデザインに変更してみましょう。

1 ［デザイン］タブの［テーマ］からデザインを選択します。

2 すべてのスライドのデザインが変更されます。

参考　選択したスライドのみデザインを変更する方法

すべてのスライドのデザインを変更するのではなく、目的のスライドのみ変更する場合には、変更するスライドを選択してから、次の方法で行います。

1 ［テーマ］から選択したいデザインにマウスポインターを合わせ、右クリックします。

2 表示されたメニューから［選択したスライドに適用］を選択します。

3 ▶▶ スライドのバリエーションを変更する

●スライドの配色を変更する

1. [デザイン]タブの[バリエーション]グループの右下隅の ▽ボタンをクリックして、[配色]を選択します。

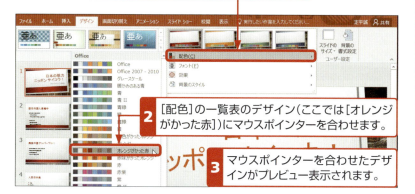

2. [配色]の一覧表のデザイン(ここでは[オレンジがかった赤])にマウスポインターを合わせます。

3. マウスポインターを合わせたデザインがプレビュー表示されます。

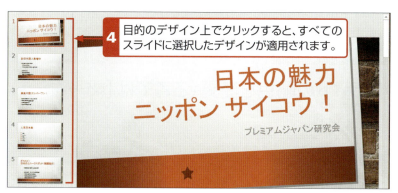

4. 目的のデザイン上でクリックすると、すべてのスライドに選択したデザインが適用されます。

●スライドのフォントを変更する

1. [デザイン]タブの[バリエーション]グループの右下隅の ▽ボタンをクリックして、[フォント]を選択します。

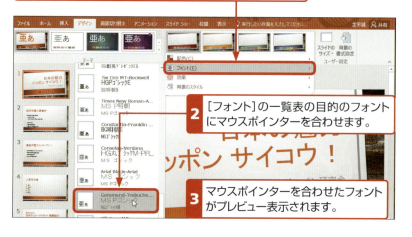

2. [フォント]の一覧表の目的のフォントにマウスポインターを合わせます。

3. マウスポインターを合わせたフォントがプレビュー表示されます。

チェック

スライドに使用するフォントは可視性の高いゴシックやポップ体を使うことをおすすめします。可視性の高いフォントは可読性の高いフォント(明朝体など)より、遠くでも見やすく目立ちます。

目的のフォント上でクリックすると、すべての
スライドに選択したフォントが適用されます。

チェック

スライドの文字サイズ
目安となる文字サイズは、
・タイトル文字
　48pt～36pt程度
・本文のテキスト
　28pt～16pt程度
です。

やってみよう！45 ▶▶

例題㉗のスライドを、[メインイベント]からほかのデザイン（ここでは[ギャラリー]）に変更してみましょう。

やってみよう！46 ▶▶

やってみよう！45のスライドの配色を変更（ここでは[マーキー]）してみましょう。

やってみよう！47 ▶▶

やってみよう！46のフォントを変更（ここでは[メイリオ]）してみましょう。

※「やってみよう！45」「やってみよう！46」「やってみよう！47」のファイルは、本書紹介のサポートページからダウンロードできます（2ページ参照）。

PART 4 Chapter1 スライドを作成しよう

スライドを編集しよう

学習のポイント
- スライドの編集方法を学びます。
- 行間の幅の変更、スライドのコピー、移動、削除、スライドモードの切り替えなどについて学びます。

 スライドを編集しよう

完成例

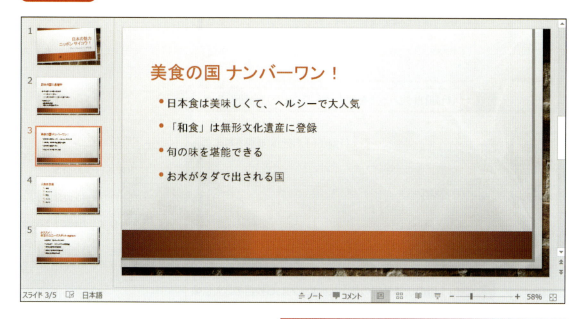

※「例題28」のファイルは、本書紹介のサポートページからダウンロードできます（2ページ参照）。

1 ▶▶ 行間の幅を変更する

　「例題27」の基本編集（フォントサイズとテキストボックスの位置の移動）を行った「例題28-1」を使って、行間の幅を変更していきます。

　ここでは、行間の幅を「1.5行」に変更します。

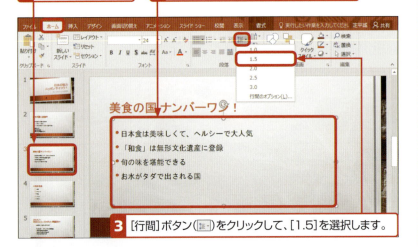

左図のスライドは、本書紹介のサポートページからダウンロードできます（2ページ参照）。
基礎スライド「例題28-1」
完成スライド「例題28-2」

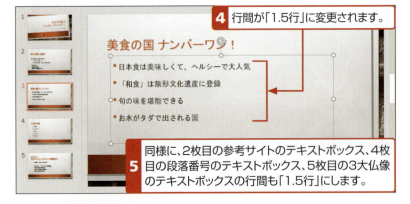

[段落]ダイアログボックスにおける行間の設定
1. 行間
　行と行の間隔を設定する。
2. 段落前
　前の段落との間隔を設定する。
3. 段落後
　後の段落との間隔を設定する。

参考 [行間のオプション]を使って設定する方法

　[行間]ボタンをクリックし、[行間のオプション]で、より詳細に行間を設定することができます。

PART4 | Chapter1　スライドを作成しよう

2 ▶▶ スライド一覧モードに切り替える

1 [表示]タブの[スライド一覧]ボタンをクリックします。

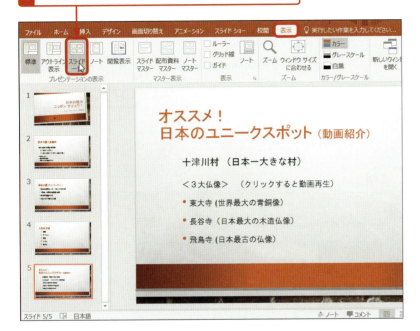

[標準]表示モードに戻す
[表示]タブの[標準]ボタンをクリックすると、[標準]表示モードに戻ります。

ウィンドウ右下にある表示方法の変更ボタンで、[スライド一覧モード]に切り替えることもできます。

2 画面がスライド一覧表に切り替わります。

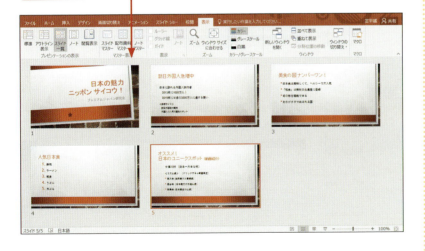

サムネイル
画像全体のイメージが一目でわかるように本来の画像を縮小表示したものをいいます。画像の編集や整理を行う際にサムネイル表示すると効果的です。スライド枚数が多い場合は、画面表示を[スライド一覧]でサムネイル表示すると便利です。

265

やってみよう！48 ▶▶

例題❷の2～3枚目のスライドの本文のテキストの行間を［固定値］、間隔を［32pt］にしてみましょう。

やってみよう！49 ▶▶

例題❷の4ページ目のスライドを3ページ目に移動してみましょう。

やってみよう！50 ▶▶

例題❷の1枚目のスライドをコピーして6枚目のスライドとして追加してみましょう。

※「やってみよう！48」「やってみよう！49」「やってみよう！50」のファイルは、本書紹介のサポートページからダウンロードできます（2ページ参照）。

PART 4　Chapter2　ビジュアル要素を設定しよう

Lesson 1
Smart Artを挿入しよう

学習のポイント
- スライドの本文にSmart Artを挿入する方法を学びます。
- Smart Artの様々な使い方を学びます。

例題29　Smart Artを使ってスライドをデザインしよう

完成例

※「例題29」のファイルは、本書紹介のサポートページからダウンロードできます（2ページ参照）。

1 ▶▶ 本文のテキストをSmart Artに変換する

　テキストボックスで入力した箇条書きや段落をSmart Artに変換する方法を解説します。

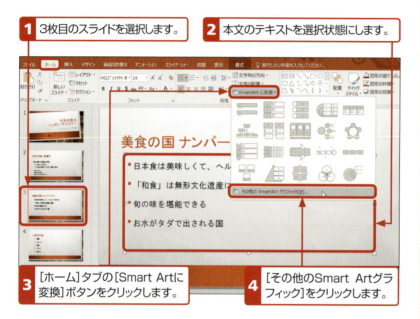

左図のスライドは、本書紹介のサポートページからダウンロードできます（2ページ参照）。「例題29」

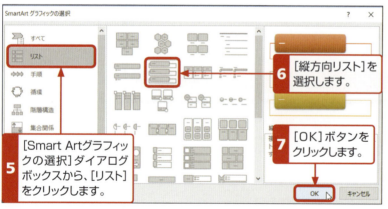

Smart Artには「リスト」、「手順」、「循環」、「階層構造」、「集合関係」、「マトリックス」、「ピラミッド」、「図」の8分類、80種類以上が用意されています。目的用途に応じて、利用してみましょう。図表の表現力が一段と増します。

入力された本文のテキストは、［Smart Artに変換］ボタンでいろいろなSmart Artに変換することができます。

2 ▶▶ Smart Artのスタイルを変更する

　Smart Artツールの[デザイン]タブをクリックし[色の変更]ボタンが表示された状態から解説します。

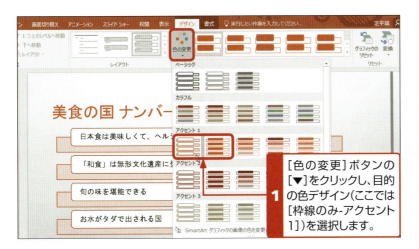

フォントサイズの統一
Smart Artに変換するとテキストのフォントサイズがスライドによって異なる場合があります。デザインの統一性としてなるべく、フォントサイズは統一することをおすすめします。ここでは、「20pt」に統一しています。

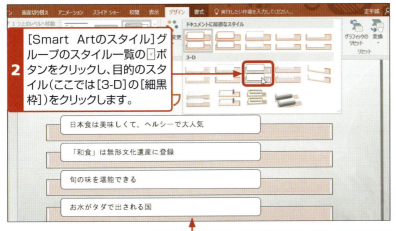

Smart Artのレイアウトの変更
[デザイン]タブの[レイアウト]グループから変更することができます。

3 ▸▸ Smart Artを図形に変換する

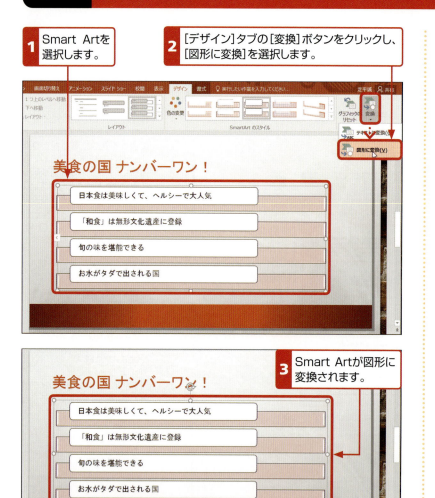

1 Smart Artを選択します。

2 [デザイン]タブの[変換]ボタンをクリックし、[図形に変換]を選択します。

3 Smart Artが図形に変換されます。

参考 Smart Artを図形に変換する意味

Smart Artを図形に変換することで、一つの図形コンテンツになり（グループ化）、Smart Artのサイズや位置を自由に調整することができるようになります。

拡大、縮小することができる。

やってみよう！51 ▶▶

例題㉙の3枚目のスライドのSmart Artのスタイルを［カード型リスト］、色を［グラデーション-アクセント2］に変更してみましょう。

やってみよう！52 ▶▶

例題㉙の4枚目のスライドのSmart Artの色を［グラデーション-アクセント1］に変更してみましょう。

※「やってみよう！51」「やってみよう！52」のファイルは、本書紹介のサポートページからダウンロードできます（2ページ参照）。

Lesson 2 スライドの表現力を高めよう

学習のポイント
- 既存の図形だけでなく、**Excel**のグラフなども図に変換して貼り付ける方法を学びます。
- ハイパーリンクを貼り付け、スライドの表示ページのコントロールやWebページへのリンク方法を学びます。

例題30 図やホームページを使って表現力を高めよう

完成例

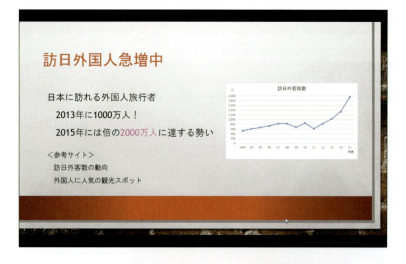

※「例題30」のファイルは、本書紹介のサポートページからダウンロードできます（2ページ参照）。

1 ▶▶ 画像を図にして貼り付ける

　3ページ、4ページのスライドのSmart Artの右側に画像を貼り付けます。ここでは、「ピクチャ」フォルダーに保存してある画像ファイルを貼り付ける方法を解説します。

1 [挿入]タブの[画像]ボタンをクリックします。

左図のスライドおよびここで使用している画像は、本書紹介のサポートページからダウンロードできます（2ページ参照）。
「例題30」

2 画像ファイルの保存場所（ここでは「ピクチャ」フォルダー）をクリックします。

3 目的の画像ファイルをクリックします。

4 [挿入]ボタンをクリックします。

5 画像が挿入されます。

6 画像のサイズを調整して、目的の場所に移動させます。

7 同様に、4枚目のスライドにも画像を挿入します。

PART 4　Chapter2　ビジュアル要素を設定しよう

2 ▶▶ Excelのグラフを図にして貼り付ける

　2枚のスライドの右側にExcelで作成したグラフを図に変換して、スライドに貼り付けます。
　ここでは、「ドキュメント」フォルダーに保存してあるExcelファイルを開き、貼り付けるところから解説します。

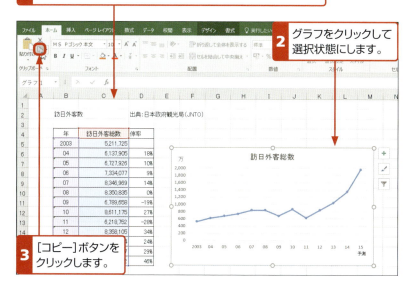

ここで使用しているExcelファイルは、本書紹介のサポートページからダウンロードできます（2ページ参照）。
Excelファイル
「訪日外客数.xlsx」

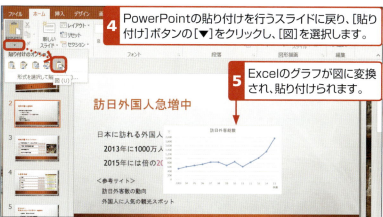

左欄 3 の手順で［コピー］ボタンの［▼］をクリックして、［図としてコピー］を選択する方法もあります。

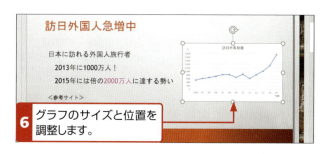

3 ▶▶ ハイパーリンクを貼り付ける

5枚目のスライドにハイパーリンクを貼り、表題（1枚目）に戻るようにしましょう。

●他のスライドにリンクする

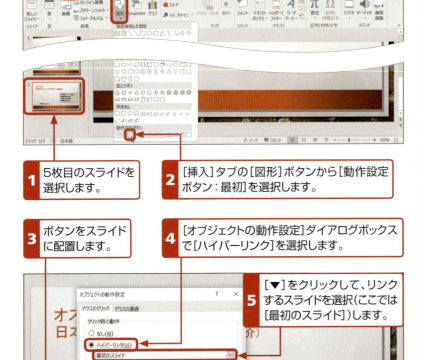

1. 5枚目のスライドを選択します。
2. [挿入]タブの[図形]ボタンから[動作設定ボタン：最初]を選択します。
3. ボタンをスライドに配置します。
4. [オブジェクトの動作設定]ダイアログボックスで[ハイパーリンク]を選択します。
5. [▼]をクリックして、リンクするスライドを選択(ここでは[最初のスライド])します。
6. [OK]ボタンをクリックします。

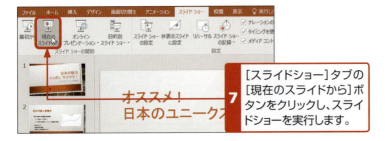

7. [スライドショー]タブの[現在のスライドから]ボタンをクリックし、スライドショーを実行します。

「3大仏像」のテキストボックスは、[図形の塗りつぶし]と[図形の枠線]で色付けし、「十津川村」のテキストボックスと共に配置変更しました。

ハイパーリンク

リンク先を指定した文字や画像などのオブジェクトをクリックすると、その指定先へジャンプするしくみをいいます。

スライドショーの実行

操作方法の詳細は、次項で解説していますので、参照ください。

PART 4　Chapter2　ビジュアル要素を設定しよう

ハイパーリンクの設定
ハイパーリンクの設定は、文字列、テキストボックス以外にも、図形、グラフ、ビデオなどのオブジェクトにも設定することができます。

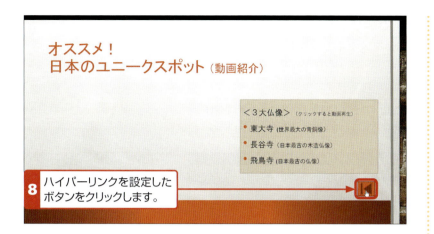

⑧ ハイパーリンクを設定したボタンをクリックします。

⑨ ハイパーリンクで設定された最初のスライドにジャンプします。

参考　ハイパーリンクの解除

ハイパーリンクの解除は、次の方法で行うことができます。
ハイパーリンクを設定したオブジェクトにマウスポインターを合わせ、右ボタンをクリックし、表示されたメニュー一覧から[ハイパーリンクの削除]を選択します。

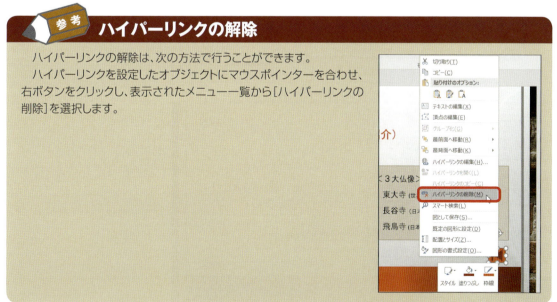

277

●Webページにリンクする

5枚目のスライドの右にあるテキストボックス内の「東大寺」にリンク設定をします。

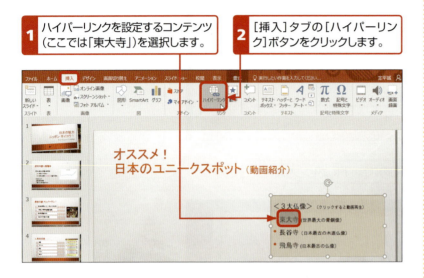

注意

Webページのリンクを実行する場合、使用しているコンピュータがネットワークに接続されていることを確認しましょう。ネットワークに接続されていないと、リンクを実行しても、リンク先のWebサイトは表示されません。

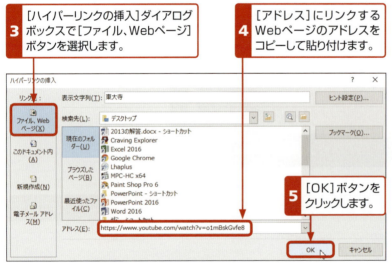

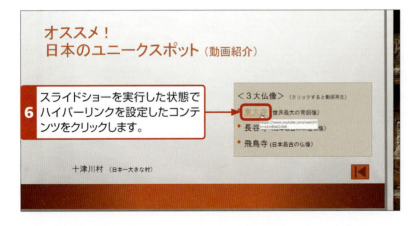

PART4　Chapter2　ビジュアル要素を設定しよう

7 Webページにリンク（ここでは、YouTubeで動画が再生）します。

8 同様に、「長谷寺」のテキストと「飛鳥寺」のテキストにWebページのアドレスを貼り付けます。

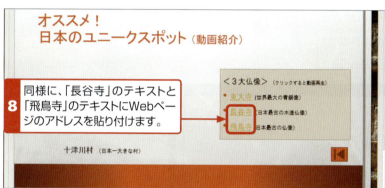

4 ▶▶ スライドショーを実行する

　ここまで作りこんだスライドをスライドショーで実行して、ビジュアル表現を確認してみましょう。

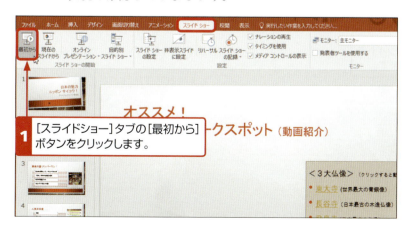

1 ［スライドショー］タブの［最初から］ボタンをクリックします。

チェック

スライドショーの実行は左欄 **1** の操作のほかに、画面右下にある表示方法の変更ボタンから［スライドショー］ボタンをクリックし、実行することもできます。

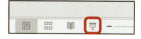

2 スライドショーが実行され、最初のスライドが
スライドショー表示されます。

**指定したスライドから
スライドショーを実行**
サムネイルウィンドウから目的のスライドを選択します。[スライドショー]タブの[現在のスライドから]ボタンをクリックし、スライドショーを実行します。

3 スライド上でクリックすると、次のスライドが
スライドショー表示されます。

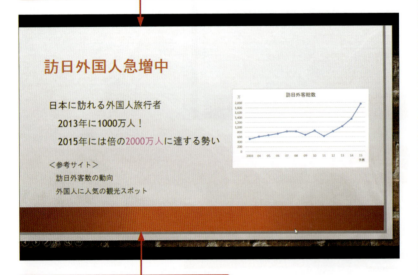

5ページ目のスライドショー表示でハイパーリンク設定したコンテンツ(テキスト)をクリックしてみましょう。リンク先にジャンプします。

4 同様の操作で3枚目以降のスライドも
スライドショー表示されていきます。

PART 4 | Chapter2 ビジュアル要素を設定しよう

やってみよう！53 ▶▶

　例題㉚の4枚目のスライドに挿入した画像を適当な日本食のイメージ画像に貼り替えてみましょう。

やってみよう！54 ▶▶

　例題㉚の2枚目のスライドの参考サイトの「訪日外客数の動向」と「外国人に人気の観光スポット」に適当なサイト先のハイパーリンクを貼り付けてみましょう。

ビデオを挿入しよう

学習のポイント
- スライドにビデオを挿入する方法を学びます。
- スライドにおけるビデオの再生方法を学びます。

ビデオを挿入しよう

完成例

※「例題31」のファイルは、本書紹介のサポートページからダウンロードできます（2ページ参照）。

PART 4　Chapter2　ビジュアル要素を設定しよう

1 ▶▶ ビデオを挿入する

　ここでは、5ページ目のデザインを施したスライドの左側のスペースにビデオを挿入します。ビデオデータは「ビデオ」フォルダー内にあるビデオファイルを挿入します。

1 [挿入]タブの[ビデオ]ボタンの[▼]をクリックし、[このコンピューター上のビデオ]を選択します。

利用可能なファイル形式
スライドに挿入できるビデオのファイル形式は、次の通りです。

・aviファイル
・wmvファイル
・mpegファイル
・mpgファイル
・movファイル
・mp4ファイル
・swfファイル
・asfファイル
・m4vファイル

2 [ビデオ]フォルダーから目的のビデオを選択します。

3 [挿入]ボタンをクリックします。

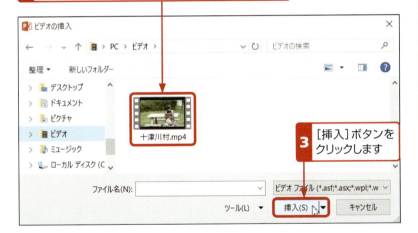

左欄2の操作でビデオデータがない場合には、ビデオデータのある場所を選択してください。

4 ビデオが挿入されます。

ビデオを削除する
挿入したビデオをクリックで選択し、Deleteキーをクリックします。

283

5 サイズと配置を調整します。

参考 オンラインビデオからビデオを挿入する方法

オンライン上にあるビデオをスライドに挿入したい場合は、次のように操作します。

1 [挿入]タブの[ビデオ]ボタンの[▼]をクリックし、[オンラインビデオ]を選択します。

2 [ビデオの挿入]ダイアログボックスが表示されるので、ビデオのあるオンライン先を選択します。

2 ▶▶ ビデオを再生する

1 挿入したビデオを選択状態にします。

ビデオの再生
［ビデオツール］の［再生］タブにある［再生］ボタンをクリックして再生することもできます。

2 スライドのビデオフレームの［再生］ボタンをクリックします。

3 ビデオが再生されます。

参考 ビデオを全画面で再生する方法

スライドショーを実行すると、スライドに挿入した画面サイズでビデオは再生されます。
ビデオを選択状態にし、［ビデオツール］の［再生］タブにある［全画面再生］にチェックマークを付けると、スライドショーの実行時には全画面で再生されます。

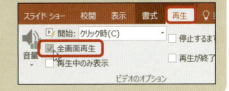

3 ▶▶ ビデオの表紙画面を挿入する

1 ビデオを再生して、表紙画像にしたい映像箇所で[一時停止]ボタンを押します。

2 [書式]タブの[表紙画像]ボタンをクリックし、[現在の画像]を選択します。

チェック
表紙画像を元に戻す
[書式]タブの[表紙画像]ボタンをクリックし、[リセット]を選択します。

3 そのビデオ画面が表紙画像になります。

参考 画像データを表紙画面にする方法

写真などの画像データを表紙画面にすることもできます。
次のように操作します。

❶ ビデオを選択します。
❷ [書式]タブの[表紙画像]ボタンをクリックし、[ファイルから画像を挿入]を選択します。
❸ 画像の保存場所を指定して、画像を選択します。
❹ [挿入]ボタンをクリックします。

やってみよう！55 ▶▶

　例題③の5枚目に挿入したビデオの再生を全画面再生にしてみましょう。

やってみよう！56 ▶▶

　例題③の5枚目に挿入したビデオの音量を調整してみましょう。

Lesson 4 アニメーション効果をつけよう

学習のポイント
- スライドのアニメーション効果の設定方法を学びます。
- ビジュアルかつインパクトのある表示効果の設定方法を学びます。

 アニメーション効果をつけよう

完成例

※「例題32」のファイルは、本書紹介のサポートページからダウンロードできます(2ページ参照)。

PART 4 Chapter2 ビジュアル要素を設定しよう

1 ▶▶ 画面の切り替え効果を設定する

スライドが切り替わるときに、さまざまなアニメーション効果を付けることができます。

●画面の切り替え効果を設定する

1 スライド(ここでは「1枚目のスライド」)を選択します。

2 [画面切り替え]タブの[画面切り替え]グループの ボタンをクリックします。

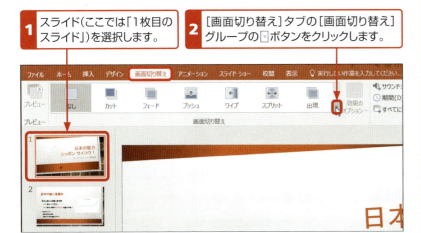

画面切り替え効果の変更
左欄の 2 の手順に戻って、再度選択し直します。

3 画面切り替え効果を一覧から選択(ここでは[カバー])します。

画面切り替え効果の削除
左欄の 2 の手順に戻って、[なし]を選択します。

4 1枚目のスライドに[カバー]の画面切り替え効果がプレビューされた後、設定されます。

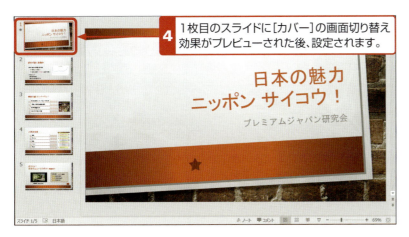

アニメーション効果が設定されると、左側に表示されているスライドのサムネイルの左上に★マークが付きます。

● すべてのスライドに画面切り替え効果を設定する

1 [画面切り替え]タブの[すべてに適用]ボタンをクリックします。

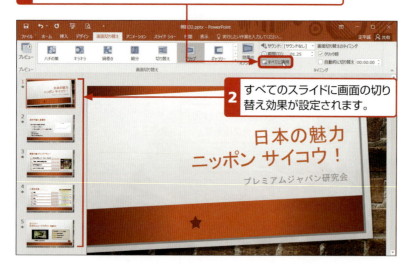

2 すべてのスライドに画面の切り替え効果が設定されます。

● 画面切り替え効果をプレビュー確認する

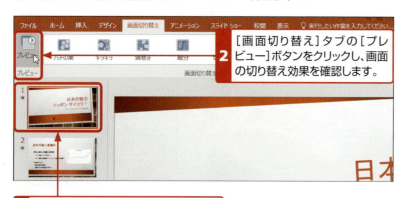

2 [画面切り替え]タブの[プレビュー]ボタンをクリックし、画面の切り替え効果を確認します。

1 プレビュー確認したいスライド(ここでは「1枚目のスライド」)を選択します。

参考 画面切り替え効果の方向の設定

画面切り替え効果の方向を設定することができます。既定の方向を変更したい場合は、画面切り替え効果の方向を変更したいスライドを選択し、次の操作を行ってください。

[画面切り替え]タブの[効果のオプション]ボタンをクリックし、一覧から目的の方向を選択します。

2 ▸▸ オブジェクトごとにアニメーションを設定する

ここでは、アニメーションの開始効果を設定します。

1 アニメーションを設定するスライド（ここでは「1枚目のスライド」）を選択します。

2 アニメーションを設定するオブジェクト（ここでは「日本の魅力　ニッポンサイコウ！」のテキストボックス）を選択します。

3 [アニメーション]タブの[アニメーション一覧ボックス]の右下隅の□をクリックします。

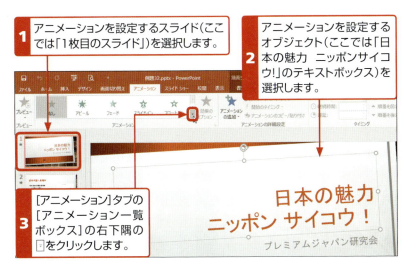

[アニメーション]タブにある[アニメーションの追加]ボタンを使って、アニメーションの設定を行うこともできます。

アニメーションの選択は、左欄 **3** の操作で[アニメーション一覧ボックス]から選択してもかまいません。左欄 **5** では[開始効果]のすべてのアニメーションの一覧を表示して選択しています。

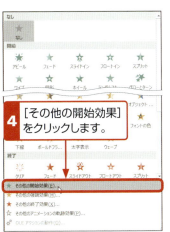

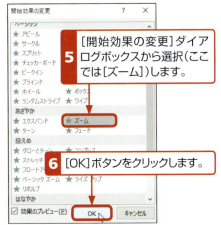

4 [その他の開始効果]をクリックします。

5 [開始効果の変更]ダイアログボックスから選択（ここでは[ズーム]）します。

6 [OK]ボタンをクリックします。

3タイプのアニメーション効果

ここで解説している[開始]のアニメーション効果以外にも[強調][終了]があります。
[開始]
オブジェクトが現れる。
[強調]
表示されているオブジェクトを強調する。
[終了]
オブジェクトを消していく。

7 アニメーション設定したオブジェクトの左上にアニメーションの順番を示す番号（ここでは「1」）が表示されます。

8 同様に、もう一つのオブジェクト（ここでは「プレミアムジャパン研究会」のテキストボックス）にも同じアニメーションを設定します。

9 [アニメーション]タブの[プレビュー]ボタンをクリックし、アニメーションの動作をプレビュー確認します。

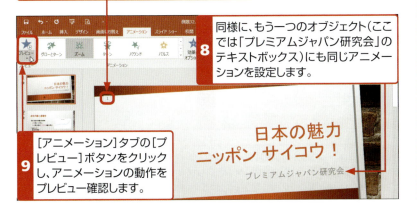

アニメーション効果の削除

[アニメーション]タブの[アニメーション]内の□ボタンをクリックし、[なし]を選択します。

3 ▶▶ アニメーションのタイミングを設定する

ここでは、マウスを一度もクリックすることなく、自動的にアニメーションが展開するようにタイミングの設定をします。

1 最初のオブジェクトを選択します。

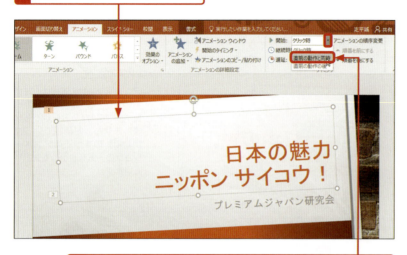

2 [アニメーション]タブの[タイミング]グループ内にある[開始]の[▼]をクリックし、[直前の動作と同時]を選択します。

> **チェック**
> 前項のアニメーションの設定状態では、1枚目の表紙スライドをすべて表示させるのに、マウスを2回クリックしなければなりません。プレゼンテーション中のマウスクリックはなるべく最小限にしたいものです。

3 アニメーションの順番を示す番号「1」が「0」に変わります。

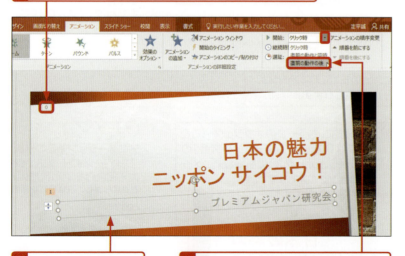

4 同様に、2番目のオブジェクトを選択します。

5 [アニメーション]タブの[タイミング]グループ内にある[開始]の[▼]をクリックし、[直前の動作の後]を選択します。

> **チェック**
> アニメーションを示す番号の「0」は、事前に設定された画面表示効果やアニメーション効果と[同時]または[動作後]に自動的に展開されることを意味します。

PART 4　Chapter2　ビジュアル要素を設定しよう

6 アニメーションの順番を示す番号「1」が「0」に変わります。

チェック

アニメーションの開始のタイミングは、［アニメーション］タブから下図の3段階に切り替えることができます。

クリック時
直前の動作と同時
直前の動作の後

7 プレビューを実行して、アニメーションのタイミングを確認します。

参考　アニメーション設定の編集

アニメーションの設定を編集する方法は、次の2通りがあります。

1.［アニメーション］タブの［タイミング］グループを使って編集する方法
新規にオブジェクトにアニメーション設定する場合に利用すると便利です。

❶［開始］：タイミングを3段階に切り替えることができます。
❷［継続時間］：アニメーションの再生時間を指定します。時間を長く設定すれば遅く、短く設定すれば早く再生されるようになります。
❸［遅延］：一定の秒数が経過した後で、アニメーションが再生されます。
❹［アニメーションの順序変更］：アニメーションの順番を変更することができます。

2. アニメーションウィンドウを表示する
❶ コンテンツの編集
　編集するコンテンツを選択し、［▼］をクリックして編集メニューから選択します。
❷ 順序の変更
　［▲］［▼］ボタンを使って、アニメーションの順番を変更することができます。

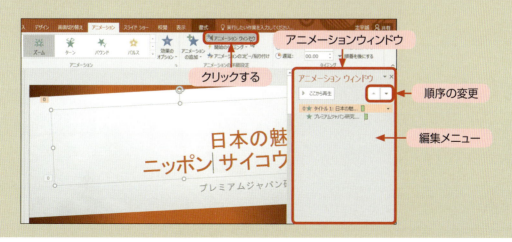

やってみよう！57 ▶▶

　例題㉜のスライドの設定に［キューブ］の画面切り替え効果を設定し、すべてのスライドに適用してみましょう。

やってみよう！58 ▶▶

　例題㉜の1枚のスライドのアニメーション設定に［遅延］の設定を行い、コンテンツの表示に間をつけてみましょう。

やってみよう！59 ▶▶

　例題㉜のすべてのスライドに、各自自由にアニメーション設定をしてみましょう。

※「やってみよう！57」「やってみよう！58」「やってみよう！59」のファイルは、本書紹介のサポートページからダウンロードできます（2ページ参照）。

PART 4　Chapter 3　プレゼンテーションをしよう

Lesson 1　プレゼンテーション資料を作成しよう

学習のポイント
- プレゼンテーションの配布資料の作成について学びます。
- プレゼンテーション資料をPDF形式で保存する方法について学びます。

 発表資料を作ろう

完成例

※「例題33」のファイルは、本書紹介のサポートページからダウンロードできます（2ページ参照）。

1 ▶▶ スライドを印刷する

ここでは、［3スライド/ページ］に指定して印刷します。

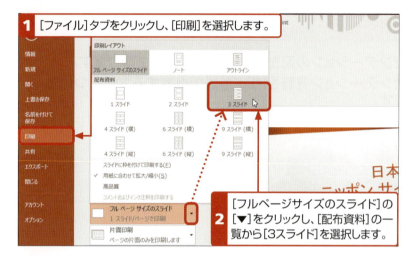

1 ［ファイル］タブをクリックし、［印刷］を選択します。

2 ［フルページサイズのスライド］の［▼］をクリックし、［配布資料］の一覧から[3スライド]を選択します。

3 印刷プレビュー画面に[3スライド]が表示されます。

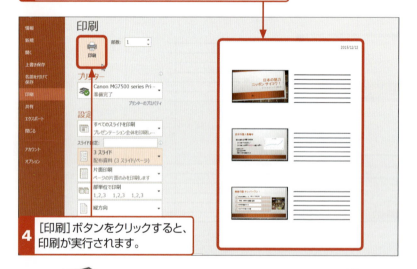

4 ［印刷］ボタンをクリックすると、印刷が実行されます。

左欄3の操作の［スライドの指定］で、［フルページサイズのスライド］で印刷すると、1スライドがフルに用紙に印刷されます。

［3スライド/ページ］は、スライドの右にメモ欄がつくので、配布資料としてよく利用されます。

参考 グレースケールでの印刷

配布資料として、カラー印刷する必要がない場合、「グレースケール」にすることをおすすめします。インク消費効率も違ってきますし、モノクロのコピー印刷する場合は、グレースケールの方がきれいに印刷できます。

設定は、［カラー］の［▼］をクリックし、［グレースケール］を選択し、［印刷］ボタンをクリックします。

印刷レイアウトと配布資料の設定

［フルページサイズのスライド］の［▼］をクリックし、印刷レイアウトと配布資料の設定を行うことができます。

・**印刷レイアウト**
［フルページサイズのスライド］
　1枚のスライドを1枚の用紙に印刷します。
［ノート］
　ノートをつけて印刷します。
［アウトライン］
　プレゼンテーション全体のアウトラインを印刷します。

・**配布資料**
　［1枚スライド/ページ］から［9枚スライド/ページ］まで9タイプ用意されています。

2スライド/ページ

4スライド/ページ

2 ▶▶ PDF形式で保存する

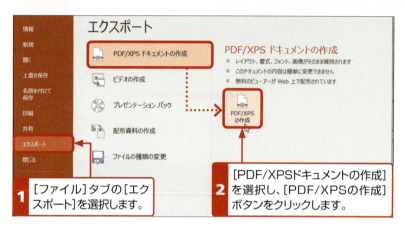

1 [ファイル]タブの[エクスポート]を選択します。

2 [PDF/XPSドキュメントの作成]を選択し、[PDF/XPSの作成]ボタンをクリックします。

用語

PDF（Portable Document Format）
PDFファイルに変換すると、異なる環境のコンピューターでそのファイルを開いても、元のレイアウトと同じように表示・印刷されます。また、圧縮され、ファイルサイズが小さくなるので、メディアファイルを添付しているファイルには有効です。テキストや画像の編集やコピーはできないので、情報の機密性を保つことができます。

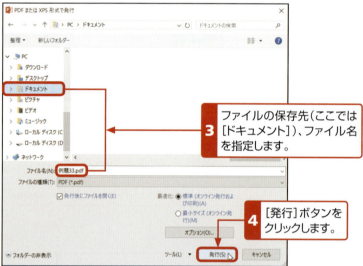

3 ファイルの保存先（ここでは[ドキュメント]）、ファイル名を指定します。

4 [発行]ボタンをクリックします。

5 PDF形式に変換されます。

PART 4 Chapter3 プレゼンテーションをしよう

やってみよう！60 ▶▶

　例題㉜のプレゼンテーション資料を配布資料として1ページ6枚のスライドに並べて印刷してみましょう。

やってみよう！61 ▶▶

　例題㉜を1ページ2スライドの配布資料として、PDFファイル形式で保存してみましょう。

Lesson 2 プレゼンテーションを演出しよう

学習のポイント
- スライドの実行について学びます。
- スライドのリンク設定について学びます。
- プレゼンテーション資料の作成に関する手法について学びます。

 プレゼンテーションを演出しよう

完成例

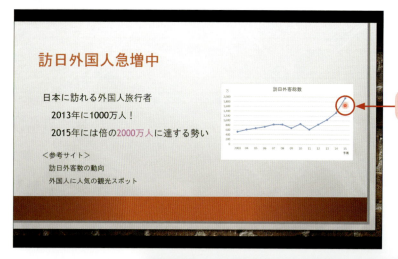

レーザーポインターを使ったプレゼンテーション

発表者ツールを使ったプレゼンテーション

PART 4　Chapter3　プレゼンテーションをしよう

1 ▶▶ スライドを拡大表示する

　ここでは、2枚目のスライドをスライドショーにした状態から解説します。

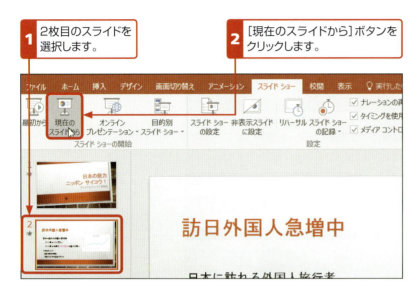

① 2枚目のスライドを選択します。
② [現在のスライドから]ボタンをクリックします。

③ 左下隅の[スライド拡大]ボタンをクリックします。

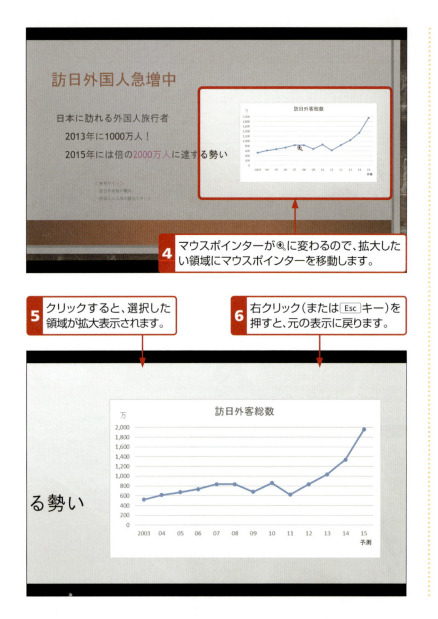

4 マウスポインターが🔍に変わるので、拡大したい領域にマウスポインターを移動します。

5 クリックすると、選択した領域が拡大表示されます。

6 右クリック（または Esc キー）を押すと、元の表示に戻ります。

参考 スライドショー表示の操作ボタン

スライドショーを実行し、画面左下のスライドショー表示の操作ボタンのある位置にマウスポインターを移動させると、半透明で薄く下記のボタンが表示されます。

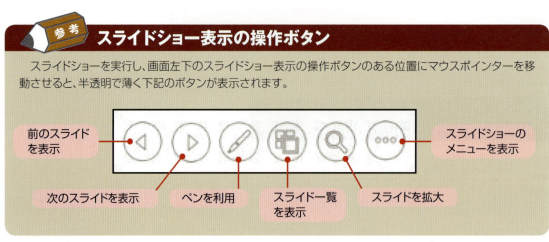

- 前のスライドを表示
- 次のスライドを表示
- ペンを利用
- スライド一覧を表示
- スライドを拡大
- スライドショーのメニューを表示

2 ▶▶ スライドの一覧を表示する

スライドショーを実行しているところから解説します。

1 スライドショー実行中のスライドの左下の［スライド一覧を表示］ボタンをクリックします。

2 スライドの一覧が表示されます。

3 移動したいスライドをクリックします。

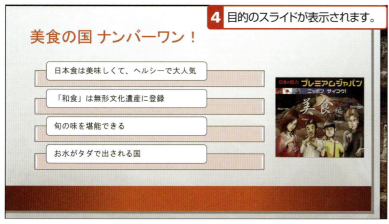

4 目的のスライドが表示されます。

3 ▶▶ レーザーポインターを使う

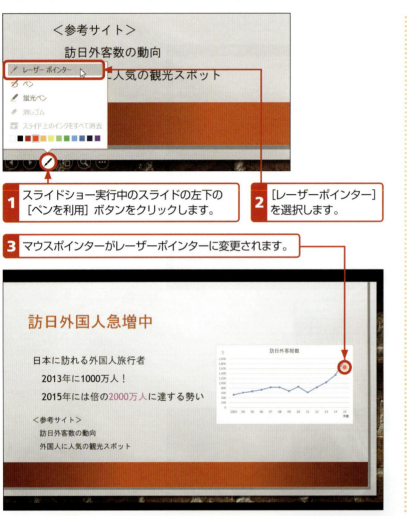

1 スライドショー実行中のスライドの左下の[ペンを利用]ボタンをクリックします。

2 [レーザーポインター]を選択します。

3 マウスポインターがレーザーポインターに変更されます。

参考　レーザーポインターの色の設定

[スライドショー]タブの[スライドショーの設定]ボタンをクリックすると、[スライドショーの設定]ダイアログボックスが表示されます。

ここでは、スライドショー中にペン入力するペンの色や、レーザーポインターの色などを設定することができます。

PART 4 Chapter3 プレゼンテーションをしよう

4 ▶▶ 発表者ツールを使う

発表者用モニターとプロジェクターのスライドの表示画面とを使い分けて発表することができます。

1 [スライドショー]タブをクリックします。

2 [発表者ツールを使用する]にチェックを付けます。

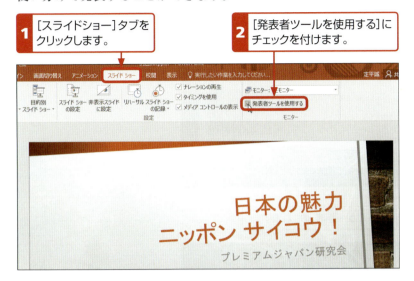

チェック

発表者ツール
発表者ツールを設定すると、スライドショーの実行時に、発表者のモニターにはスピーカービュー(次のスライドのプレビュー、発表に関するメモ、タイマーの表示など)を表示し、もう一方のモニター(プロジェクター投影する画面など)には全画面表示のスライドショーを表示します。

3 スライドショーを実行(ここでは[最初から]ボタンをクリック)します。

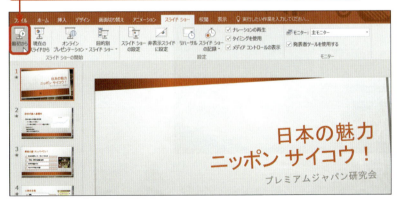

注意

発表者ツールを使うときは、聴講者側のモニターと発表者用のモニターの2台のモニターがパソコン接続されていることが前提です。

参考 スライドショーがモニター表示されない場合の対処方法

スライドショーがモニター表示されない場合には、スライドショーを表示するモニターの設定がまちがっていないか確認しましょう。

モニターの選択と設定方法は、[スライドショー]タブの[モニター]の表示ボックスの[▼]をクリックし、目的のモニターを選択します。

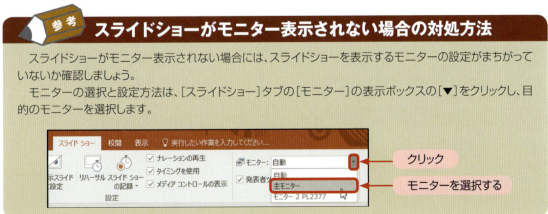

305

4 プロジェクター側には、全画面表示のスライドショーが表示されます。

5 発表者側のモニターには、スピーカービューが表示されます。

やってみよう！62

　例題㉜でプレゼンテーションの実行を行い、ペンを使ってマーキングしてみましょう。

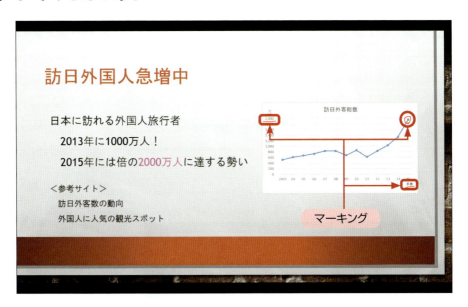

やってみよう！63

　例題㉜でプレゼンテーションの実行を行い、レーザーポインターを緑色に変え、スライド項目を指示してみましょう。

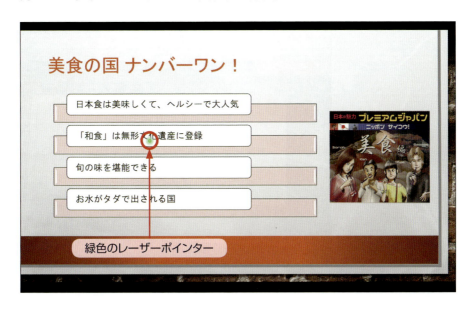

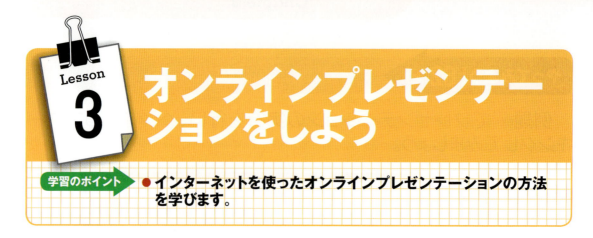

Lesson 3 オンラインプレゼンテーションをしよう

学習のポイント
- インターネットを使ったオンラインプレゼンテーションの方法を学びます。

 **例題 35** プレゼンテーションを共有しよう

完成例

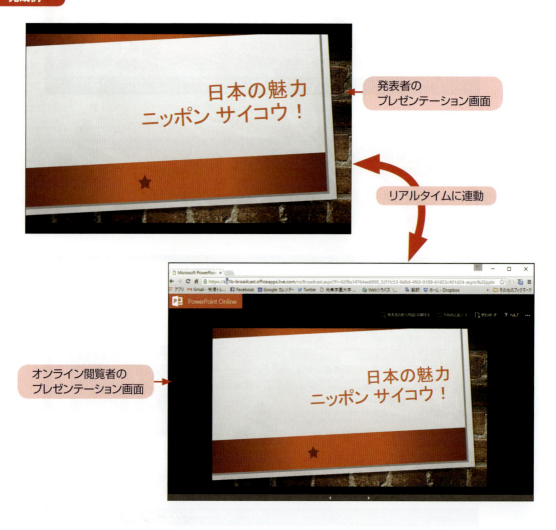

発表者のプレゼンテーション画面

リアルタイムに連動

オンライン閲覧者のプレゼンテーション画面

PART 4　Chapter3　プレゼンテーションをしよう

1 ▶▶ オンラインプレゼンテーションをする

●オンラインプレゼンテーションの準備をする

1 [スライドショー]タブをクリックします。

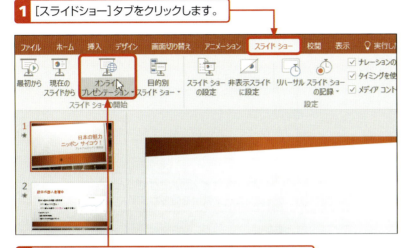

2 [オンラインプレゼンテーション]ボタンをクリックします。

3 [リモート閲覧者がプレゼンテーションをダウンロードできるようにする]にチェックを付けます。

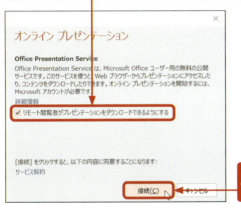

4 [接続]ボタンをクリックします。

5 ファイルがアップロードされ、URLが表示されます。

6 [リンクのコピー]をクリックし、閲覧者にメールなどでURLを送信します。

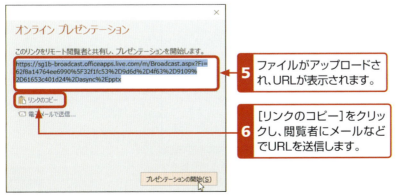

左欄 1 2 の操作は、[ファイル]タブをクリックして、[共有]の[オンラインプレゼンテーション]でもできます。

左欄 2 で、チェックを付けることで、リモート閲覧者がプレゼンテーションをダウンロードできるようになります。閲覧者にダウンロードさせる必要のない場合は、チェックは付けなくて結構です。

多くの写真やビデオ、サウンドを挿入し、ファイルサイズが大きくなりすぎるとオンラインプレゼンテーションができません。その場合は、次ページの「参考」のメディアの最適化を行ってください。

309

ファイルサイズが大きすぎる場合の対処方法

　［オンラインプレゼンテーション］ボタンをクリックした後、ファイルサイズが大きすぎるというメッセージ表示がされた場合は、下記の［メディアの最適化］を行い、対処しましょう。
　それでもファイルサイズが大きすぎる場合は、オンラインプレゼンテーションはできないので、動画データなどを削除するなりして、ファイルサイズを小さくし、再度、対応してみましょう。

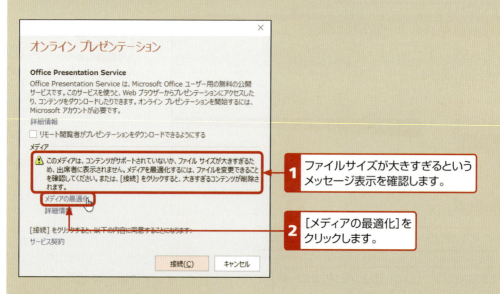

1 ファイルサイズが大きすぎるというメッセージ表示を確認します。

2 ［メディアの最適化］をクリックします。

3 ［メディアの圧縮］ボタンをクリックします。

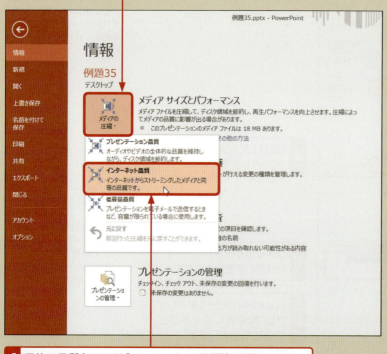

4 目的の品質（ここでは［インターネット品質］）を選択します。

●オンラインプレゼンテーションを実行する

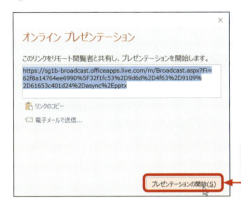

1 [プレゼンテーションの開始]ボタンをクリックします。

> **チェック**
> 左欄1の操作で、閲覧者へのオンラインプレゼンのURLのダイアログボックスを閉じてしまった場合は、[オンラインプレゼンテーション]タブの[招待の送信]ボタンをクリックすると再表示します。

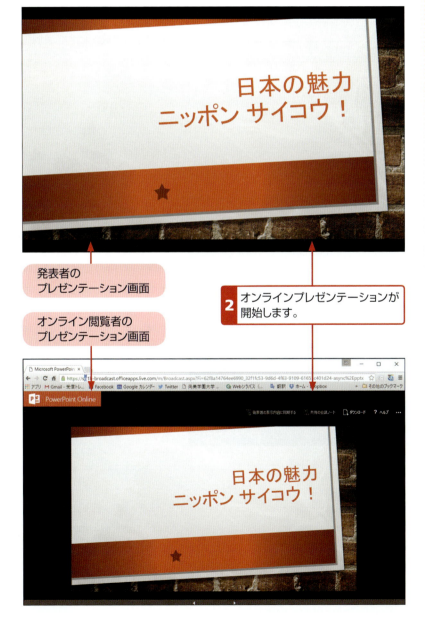

発表者の
プレゼンテーション画面

オンライン閲覧者の
プレゼンテーション画面

2 オンラインプレゼンテーションが開始します。

> **チェック**
> 発表者のスライドの操作に応じて、オンラインプレゼンテーションの閲覧者のスライドもオンタイムで対応します。

> **チェック**
> 閲覧者の画面右上の[ダウンロード]をクリックすると、プレゼンテーションのファイルをダウンロードすることができます。

3 発表者側で、スライドショーが終了し、編集画面の表示に戻ったら、[オンラインプレゼンテーション]タブの[オンラインプレゼンテーションの終了]ボタンをクリックします。

4 [オンラインプレゼンテーションの終了]ボタンをクリックします。

5 オンラインプレゼンテーションが終了し、閲覧者側の画面も終了画面になります。

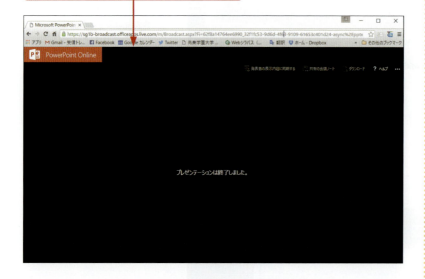

オンラインプレゼンテーションでは、スライドのアニメーション機能など一部反映されなくなります。

左欄4の操作でオンラインプレゼンテーションの閲覧者側も連動して自動的に終了します。

PART 4　Chapter3　プレゼンテーションをしよう

2 ▶▶ スマートフォンでプレゼンテーションをする

　スマートフォンやタブレットでプレゼンテーションできる環境を整え、いつでもどこでもプレゼンテーションを閲覧、編集できるようにしましょう。

　ここでは、OneDriveに保存してあるプレゼンテーションファイルをiPhoneで開き、閲覧します。

●アプリをダウンロードする

プレゼンテーションファイルはOneDriveなどのオンラインストレージに保存したものを利用します。

スマートフォン、タブレット用のPowerPointのアプリは無料で提供されています。iPhoneやiPadは［App Store］から、Androidのスマートフォンやタブレットは［Google Play］、Windowsのスマートフォンやタブレットは［Windowsストア］からダウンロードできます。利用環境に応じてダウンロードしてみましょう。

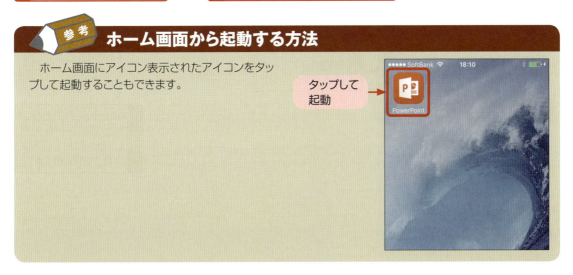

参考　ホーム画面から起動する方法

　ホーム画面にアイコン表示されたアイコンをタップして起動することもできます。

●OneDriveからプレゼンテーションファイルを開く

左欄 1 の操作で、[OneDrive-個人用] が表示されない場合は次の操作を行います。

1 [場所の追加]をタップします。

2 [OneDrive]をタップします。

3 Microsoftアカウントとパスワードを入力し、[サインイン]ボタンをタップします。

●スマートフォンでスライドを閲覧する

サムネイル一覧をスワイプすると表示されていない残りのスライドが表示されます。

スライドショーを実行する場合は、画面右上の ▶ ボタンをタップします。

1 画面下のスライドのサムネイル一覧から目的のスライドをタップします。

2 タップしたスライドが表示されます。

参考 スライドショーのレーザーポインター

スライドショーを実行し、画面上にタッチ状態を続けると、レーザーポインターを表示することができます。タッチした指を移動するとレーザーポインターが移動します。

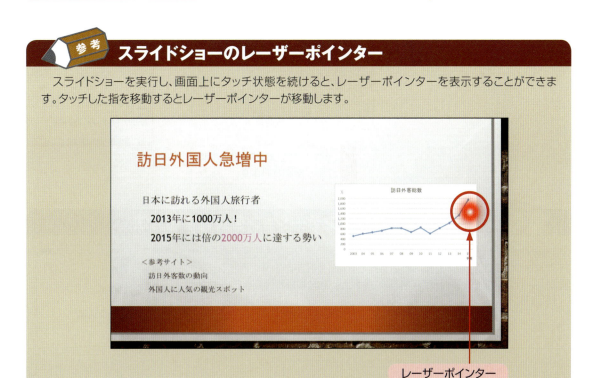

レーザーポインター

● スマートフォンでスライドを編集する

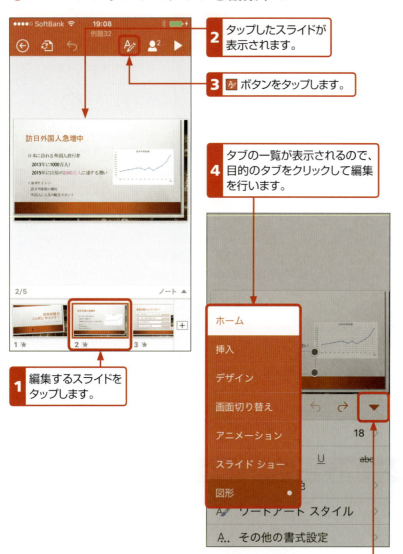

1 編集するスライドをタップします。
2 タップしたスライドが表示されます。
3 ボタンをタップします。
4 タブの一覧が表示されるので、目的のタブをクリックして編集を行います。
5 ▼ボタンをタップすると編集作業が解除されます。

チェック

スライドのコンテンツにしてから編集を行う場合は、次のように操作します。

1 編集するコンテンツを選択します。
2 ボタンをタップします。
3 編集メニューから目的の編集作業を選択します。

参考 オンラインでプレゼンテーションを共有する方法

スマートフォンやタブレットを使って、プレゼンテーションを共有することもできます。画面上部に表示されているボタンをタップすると、共有作業のメニューが表示されますので、目的に応じて選択してみましょう。

PART4 Chapter3 プレゼンテーションをしよう

やってみよう！64 ▶▶

スマートフォンでスライドショーを実行してみましょう。

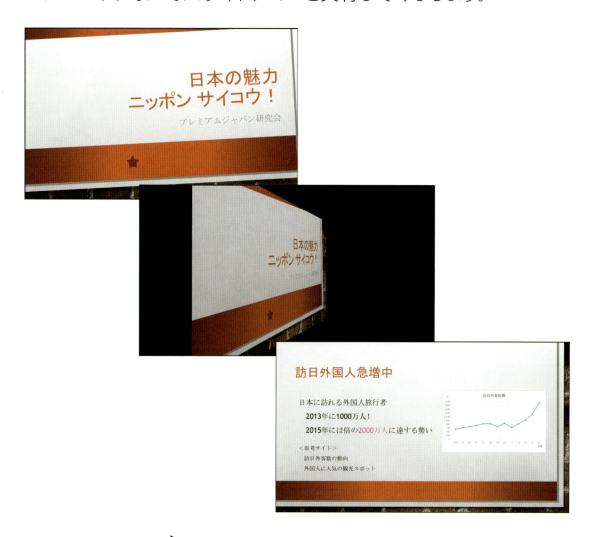

やってみよう！65 ▶▶

スマートフォンでプレゼンテーションを共有する相手にユーザーの招待を送りましょう。

解答編

▶▶ Part 2 ･･････････････ 320
▶▶ Part 3 ･･････････････ 323
▶▶ Part 4 ･･････････････ 327

PART 2　Word 2016をマスターしよう

やってみよう！1
P.44
やってみよう1.docx

❶ Word 2016を起動し、新規文書を表示します。
❷「やってみよう！1」のサンプル文書を入力します。

やってみよう！2
P.48

❶［レイアウト］タブの［サイズ］ボタンをクリックします。
❷ メニューから用紙サイズ［A4］を選択します。
❸［余白］ボタンをクリックします。
❹［ユーザー設定の余白］をクリックします。
❺［余白］タブをクリックし、上下左右の余白を［20mm］に設定します。
❻［OK］ボタンをクリックします。

やってみよう！3
P.52,53

❶［ファイル］タブをクリックして［名前を付けて保存］をクリックします。
❷［OneDrive-個人用］を選択し、OneDrive内の［ドキュメント］を選択します。
❸ ファイル名（ここでは「パソコン講座」）を入力します。
❹［保存］ボタンをクリックします。

やってみよう！4
P.57,59,61,72
やってみよう4-5.docx

❶「いのちあるオーガニック食材を生かすクッキングスクール」「美味しい食生活を学び」「ココロもカラダも美しくなる」の3行文字列の並びに変更します。
❷ この3行の文字列のフォントを［HGP創英角ポップ体］にします。
❸ 1行目を［緑系の色］2行目、3行目を［明るめの紫色］にします。
❹ 1行目のフォントサイズは［16pt］、2行目のフォントサイズは［20pt］、3行目のフォントサイズは［32pt］にします。
❺ 3行目の行間を［固定値］、間隔を［35pt］にします。

やってみよう！5
P.68
やってみよう4-5.docx

❶「講座内容」の項目をドラッグして選択します。
❷ 箇条書きの［▼］をクリックして、を選択します。
❸「講座内容」の項目がの行頭文字の付いた箇条書きに変更されます。

やってみよう！6
P.92,93
やってみよう6-7.docx

❶ Smart Artをクリックし、選択状態にします。
❷［デザイン］タブの［レイアウト］の［▼］をクリックして、レイアウトを選択します。
❸ Smart Artのスタイルも［▼］をクリックし、スタイルを選択します。
❹ Smart Artのレイアウトが変更されます。

やってみよう！7
P.97
やってみよう6-7.docx

❶［書式］タブをクリックします。
❷［修整］ボタンをクリックします。
❸ 明るさとコントラストを一覧メニューから選択（ここでは、［明るさ：+20％コントラスト：+20％］）します。
❹ 明るさとコントラストが修整されます。

やってみよう！8
P.104,109
やってみよう8.docx

❶ フォントは、［HG創英角ゴシックUB］、［MSゴシック］、［HG創英角ポップ体］を使っています。
❷ フォントサイズは、［18pt］、［22pt］、［32p］t、［72pt］、［100p］を使っています。

❸ テキストボックスで文字列を配置し、[塗りつぶし]と[枠線]は[なし]にします。
❹ [図形]のフローチャートの「書類」を[黒]で塗りつぶし、[配置]は[テキストの背面へ移動]にします。
❺ 「軽音楽部」は、[文字の効果と体裁]ボタンから[文字の塗りつぶし]を[黒]、[文字の輪郭]を[白]、[輪郭の太さ]を[3pt]にします。
❻ 「部員募集」は、[文字の効果と体裁]ボタンから[文字の塗りつぶし]を[白]にします。
❼ 「がっき」、「おんぷ」でそれぞれの記号に変換し、色を[グレー]に、フォントサイズを拡大し、貼り付けます。
❽ [箇条書き]の[新しい行頭文字の定義]で[記号]ボタンをクリックし、行頭文字を選択します。
❾ テキストボックス内の文字列に[下線]を引きます。
❿ 下部の2列のテキストボックスは、[図形のスタイル]から選択します。

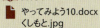

P.104,109
やってみよう9.docx

❶ [ページレイアウト]タブの[印刷の向き]から[横]を選択します。
❷ [デザイン]タブの[ページの色]でページの背景色を[黄色]にします。
❸ テキストボックスで、[書式]タブの[図形の塗りつぶし]で[黒]にし、右半面に配置します。
❹ テキストボックスの文字の設定は[HGP創英角ポップ体]、[26pt]、[20pt]、[16pt]、[塗りつぶしなし]、[枠なし]にします。
❺ テキストボックス内にオンライン画像から本のイラスト(「本」で検索)を挿入し、[書式]タブの[文字列の折り返し]から[前面]、[書式]タブの[色]から[グレースケール]を選択します。
❻ 「アルバイト」はテキストボックスで、文字の設定は[影付き]、フォントは[HG創英角ポップ体]、フォントサイズは[80pt]、[塗りつぶしなし]、[枠なし]にします。
❼ 「募」と「集」は、別々にテキストボックスで[HG創英角ゴシックUB]、[120pt]、[影付き]、[赤]、[塗りつぶしなし]、[枠なし]にします。
❽ 図形は[星7]で、[図形の塗りつぶし]で[白]にし、[テキストの背面へ移動]にします。
❾ 「時給:900円以上」はテキストボックスで[HG創英角ゴシックUB]、[36pt]、[80pt]、[48pt]、[塗りつぶしなし]、[枠なし]にします。
❿ 作業内容を記載しているテキストボックスは、[行間]を[固定値]、間隔を[-32pt]にします。

やってみよう! 10

P.104
やってみよう10.docx
くしもと.jpg

❶ [ページレイアウト]タブの[印刷の向き]から[横]にします。
❷ 「くしもと.jpg」の写真を貼り付け、サイズと位置を調整します。
❸ [縦書きテキストボックスの描画]を選択し、テキストボックスでタイトルを入力します。設定は、[塗りつぶし]、[枠なし]。
❹ 「自然豊かな常春のまち」は、[HGS行書体]、[28pt]、[白]、「くしもと」は[HGP創英角ポップ体]、[36pt]、[白]、「橋杭岩」は[HGP創英角ポップ体]、[28pt]、[白]にします。
❺ 下段の観光解説は、タイトルが[HG正楷書体-PRO][14pt]、[行間]を[固定値]、間隔を[-24pt]、リード文が[HG正楷書体-PRO]、[12pt]、[行間]を[固定値]、間隔を[-16pt]にします。

❻ 「串本観光協会」とURLは[MS明朝]、[12pt]、[右揃え]、[太字]、段落前に[0.5行]の間隔を空けます。
❼ 下段の観光解説のテキストボックスは、[枠線の太さ]を[3pt]、[塗りつぶし]を[薄いグレー]にします。

やってみよう！11
📖 P.128
📄 やってみよう11.docx

❶ [レイアウト]タブから[段組み]ボタンをクリックし、[段組みの詳細設定]を選択します。
❷ [段組み]ダイアログボックスの[段の幅をすべて同じにする]のチェックを外します。
❸ [段の番号]の[1]の段幅を[25字]、[2]の段幅を[45字]、間隔を[2文字]に設定し、[OK]ボタンをクリックします。
❹ タイトル文字のフォントサイズを[20pt]に変更します。

やってみよう！12
📖 P.128
📄 やってみよう12.docx

❶ [レイアウト]タブから[段組み]ボタンをクリックし、[段組みの詳細設定]を選択します。
❷ [段組み]ダイアログボックスの[段数]を[3]にし、[段の幅をすべて同じにする]のチェックを外します。
❸ [段の番号]の[1]の段幅を[28字]、[2]の段幅を[20字]、[3]の段幅を[20字]、間隔を[2文字]に設定し、[OK]ボタンをクリックします。

やってみよう！13
📖 P.138,139
📄 やってみよう13.docx

❶ [余白]を[上80mm]、[下70mm]、[左右20mm]にします。
❷ [ヘッダー]で、[組み込み]の[縞模様]を選択し、パソコンセミナーを入力し、[HGP創英角ゴシックUB]、[10.5pt]に設定します。
❸ 「魅せる！ポスターデザインの作り方」を本文先頭に入力し、[HGP創英角ゴシックUB]、[16pt]、色設定を[青系]と[黒]、行間を[固定値]、間隔を[24pt]にします。
❹ 下余白は、講師の内容が記載されているテキストボックスと、上余白にあるスケジュールのテキストボックスを配置します。

やってみよう！14
📖 P.152
📄 やってみよう14.docx

❶ サイズを[はがき]に設定をして、余白は[狭い]にします。
❷ タイトル文のフォントは[HGP創英プレゼンスEB]、[14pt]、赤系の色にします。
❸ 本文は[HG丸ゴシックM-PRO]、[9pt]にします。
❹ あいさつ文を挿入します。
❺ 文書の行と段落の間隔は、[固定値]で[15pt]にします。
❻ 本文の「記」の段落前後に間隔を[12pt]追加します。
❼ [デザイン]タブから[ページ罫線]で、[絵柄]を選択します。

やってみよう！15
📖 P.152
📄 やってみよう15.docx

❶ サイズを[はがき]に設定をして、余白は[狭い]にします。
❷ 本文のフォントは[MS明朝]、サイズは、[9pt]、[8pt]、[6pt]のを使用し、テキストボックス化([線なし]、[塗りつぶしなし]、文字列の折り返しは[背面]、行間は[固定値]で、間隔を[15pt])します。
❸ オンライン画像で「誕生日」で検索したイラストを挿入し、文字列の折り返しは[背面]にして、サイズと位置を調整します。
❹ 図形の[星(16)]の中にテキストボックス([枠なし]、[線なし])で文字([7pt]、行間は[固定値]で、間隔を[10pt])を挿入します。
❺ 上記の星とプレゼント内容のテキストボックスを選択し、グループ化し、クリップアートの中に位置調整します。

解答編

やってみよう! 16, 17
P.157,158
やってみよう16.docx
やってみよう17.docx

❶ [差し込み文書]タブの[ラベル]ボタンから[オプション]ボタンをクリックします。
❷ [ラベルオプション]ダイアログボックスで、[ラベルの製造元]、[製品番号]を選択し、[OK]ボタンをクリックします。
❸ [新規文書]ボタンをクリックし、指定した名刺のテンプレートを表示します。
❹ [挿入]タブの[テキストボックス]から[横書きテキストボックスの描画]または、[縦書きテキストボックスの描画]をクリックし、テキストボックスを作ります。
❺ [書式]タブの[図形の塗りつぶし]でテキストボックスに色を付けます。
❻ フォント、フォントサイズ、フォントの色を設定します。
❼ [挿入]タブの[テキストボックス]から[横書きテキストボックスの描画]を選択し、名刺情報を入力し、フォントサイズと位置を調整します。

PART 3　Excel 2016をマスターしよう

やってみよう! 18
P.171
やってみよう18.pdf

❶ [ファイル]タブをクリックして、[エクスポート]を選択します。
❷ [PDF/XPS ドキュメントの作成]を選択し、[PDF/XPSの作成]をクリックします。
❸ ファイルの保存先、ファイル名を設定し、[発行]ボタンをクリックします。
❹ 指定したファイル保存先に、PDFファイルが保存されます。

やってみよう! 19
P.170
やってみよう19.xlsx

❶ 日付が表示されているセルを選択します。
❷ [ホーム]タブの[数値]グループの右端隅のをクリックし、[セルの書式設定]ダイアログボックスを表示させます。
❸ ダイアログボックスの[表示形式]タブをクリックし、[分類]で[日付]を選択します。
❹ [カレンダー種類]を[和暦]にします。
❺ [種類]から表示スタイルを選択します。
❻ [OK]ボタンをクリックします。

やってみよう! 20
P.176
やってみよう20-21.xlsx

❶ [単位]の項目名の「E14」から「E22」までドラッグして範囲設定をします。
❷ [ホーム]タブの[削除]をクリックします。
❸ 単位の列が削除されます。

やってみよう! 21
P.174,176
やってみよう20-21.xlsx

❶ 小計が記載されているセルの行番号「23」から2行分(「24」まで)ドラッグして範囲設定します。
❷ [ホーム]タブの[挿入]をクリックします。
❸ 2行挿入されます。
❹ 「B15」、「B16」に[S1]、[S3]と奇数の連番を付け、この2つのセルをドラッグして選択します。
❺ 右下隅にマウスポインターを合わせ、ポインターを[+]にし、商品項目欄の最後の行(「B24」)までドラッグします。
❻ 文字入りの奇数の連番が自動入力されます。

やってみよう! 22
P.186
やってみよう22.xlsx

❶ セルに色を付けたい箇所をドラッグして、選択状態にします。
❷ [ホーム]タブの[セル]グループの[書式]の[▼]をクリックし、[セルの書式設定]を選

323

❸ ［塗りつぶし］タブをクリックします。
❹ ［パターンの色］、［パターンの種類］を選択します。
❺ ［OK］ボタンをクリックします。
❻ セルに色付きの模様が付きます。

やってみよう！ 23
P.187,188
やってみよう23.docx

❶ 表をドラッグして範囲設定します。
❷ ［ホーム］タブの［コピー］ボタンをします。
❸ Wordを開きます。
❹ ［ホーム］タブの［貼り付け］ボタンの［▼］をクリックし、［図］を選択します。
❺ 表が図として、Wordに貼り付けられます。
❻ ［書式］タブの［文字列の折り返し］ボタンから［前面］を選択し、図のサイズと位置を調整します。

やってみよう！ 24
P.191

❶ ［ファイル］タブの［印刷］をクリックし、［縦方向］を選択します。
❷ 右下隅にある［余白の表示］ボタンをクリックします。
❸ 余白を示す線が表示されます。
❹ 右左の余白表示線をドラッグし、1ページに収まるように調整します。

やってみよう！ 25
P.191

❶ ［ファイル］タブの［印刷］をクリックし、［横方向］を選択します。
❷ 印刷画面の設定メニューの下の［ページ設定］をクリックします。
❸ ［ページ設定］ダイアログボックスが開きます。
❹ ［ページ］タブをクリックして、［拡大/縮小］に［75%］と設定します。

やってみよう！ 26
P.194
やってみよう26-27.xlsx

❶ 「消費税」の入力セル（「G24」）をクリックし、「=G23*0.08」と計算式を入力します。
❷ ［ホーム］タブの［書式］ボタンから［セルの書式設定］をクリックして［セルの書式設定］ダイアログボックスを表示します。
❸ ［表示形式］タブの［通貨］をクリックし、［小数点以下の桁数］を［0］にします。
❹ 「合計」の入力セル（「G25」）をクリックし、Σ ボタンをクリックします。
❺ ドラッグして、範囲設定を「=SUM(G23:G24)」に設定します。

やってみよう！ 27
P.194
やってみよう26-27.xlsx

❶ 「御請求金額」の入力セル（「C12」）をクリックし、「=」を入力の後、「合計」の入力セル（「G25」）をクリックします。

やってみよう！ 28
P.203,204
やってみよう28.xlsx

❶ 先頭レコードの備考欄のセル（「G3」）を選択します。
❷ ［ホーム］タブのΣ ボタンの［▼］をクリックし、［その他の関数］を選択します。
❸ ［関数の挿入］ダイアログボックスで、［関数の分類］から［論理］、［関数名］から［IF］を選択します。
❹ ［OK］ボタンをクリックします。
❺ ［関数の引数］ダイアログボックスの［論理式］に条件式（F3<50）、［真の場合］に「"要注意"」、［偽の場合］に「" "」を入力します。
❻ ［OK］ボタンをクリックします。
❼ 選択したセルに真偽の結果が表示されます。

❽「G3」のセルの右下隅にマウスポインターを合わせ、最終レコードまでドラッグします。
❾ ドラッグしたセルに条件式がコピーされ、真偽の結果が表示されます。

やってみよう！29
P.203,204
やってみよう29.xlsx

❶ 先頭レコードの備考欄のセル(「K3」)を選択します。
❷ 数式バーに条件式「=IF(J3>=240,"A",IF(J3>=210,"B","C"))」を入力します。
❸ [Enter]キーを押すと、選択セルに条件式の結果が表示されます。
❹「K3」の右下隅にマウスポインターを合わせ、最終レコードまでドラッグします。
❺ ドラッグしたセルに条件式がコピーされ、条件式の結果が表示されます。

やってみよう！30
P.209
やってみよう30-31.xlsx

❶「国内支店」の「合計」欄(「J5」)をクリックします。
❷ Σ▼ ボタンをクリックします。
❸ 札幌から博多までの支店別合計欄(「G3」から「G6」)までドラッグして範囲設定します。
❹ [Enter]キーを押すと、国内支店の合計が表示されます。
❺「海外支店」の「合計」欄(「K5」)をクリックします。
❻ Σ▼ ボタンをクリックします。
❼ 香港からシンガポールまでの支店別合計欄(「G7」から「G8」)までドラッグして範囲設定します。
❽ [Enter]キーを押すと、海外支店の合計が表示されます。

やってみよう！31
P.209,210
やってみよう30-31.xlsx

❶「国内支店」の「構成比率」欄(「J6」)をクリックします。
❷ 計算式(「=J5/G9」)を設定します。
❸ [Enter]キーを押すと、国内支店の構成比率が表示されます。
❹ 同様に、海外支店の構成比率も上記の操作で求められますが、ここでは、絶対参照を使って求めます。「国内支店」の「構成比率」欄(「J6」)をクリックし、数式バーに表示されている数式の分母(「G9」)をドラッグして反転させ、[F4]キーを押します。
❺ 分母の[G9]が[G9]に変わり、絶対参照になります。
❻ [Enter]キーを押します。
❼「国内支店」の「構成比率」のセル(「J6」)の右下端にマウスポインターを合わせ、右隣の「海外支店」の「構成比率」欄(「K6」)までドラッグします。
❽「海外支店」の「構成比率」欄(「K6」)に構成比率が表示されます。
❾ 続けて、[%]ボタンを押して、パーセント表示させます。

やってみよう！32
P.214
やってみよう32-33.xlsx

❶ グラフにするデータの範囲を選択(「B3」から「B6」と「G3」から「G6」)し、[挿入]タブの[おすすめグラフ]ボタンをクリックします。(離れた領域を範囲設定するときは、[Ctrl]キーを押してドラッグします。)
❷ [すべてのグラフ]タブの[円]を選択し、[3-D円]を選択します。
❸ [OK]ボタンをクリックします。
❹ 円グラフが表示されます。
❺ [デザイン]タブをクリックし、グラフのスタイル(ここでは[スタイル8])を選択します。
❻ グラフのタイトルを入力します。

やってみよう！33
P.214
やってみよう32-33.xlsx

❶ グラフにするデータの範囲を選択(「B2」から「F3」と「B6」から「F6」)し、[挿入]タブの[おすすめグラフ]ボタンをクリックします。(離れた領域を範囲設定するときは、

　　　　Ctrlキーを押してドラッグします。)
❷ [すべてのグラフ] タブの [折れ線] を選択し、横軸の項目は [月別] を選択します。
❸ [OK] ボタンをクリックします。
❹ 折れ線グラフが表示されます。
❺ グラフのタイトルを入力します。

やってみよう! 34
P.222
やってみよう34-35.xlsx

❶ グラフをクリックして選択状態にします。
❷ グラフの右上に表示される [グラフ要素] ボタンをクリックします。
❸ [データテーブル] にチェックを付けます。
❹ グラフエリアにデータテーブルが表示されます。

やってみよう! 35
P.223
やってみよう34-35.xlsx

❶ グラフをクリックして選択状態にします。
❷ グラフの右上に表示される [グラフスタイル] ボタンをクリックします。
❸ [スタイル] タブをクリックして、スタイル一覧から [スタイル4] を選択します。
❹ [色] タブをクリックして、[色6] を選択します。
❺ グラフのスタイルと色が変更されます。

やってみよう! 36
P.231

❶ 並べ替えるフィールド、「フリガナ」の任意のセルをクリックします。
❷ [データ] タブの [昇順] ボタン をクリックします。

やってみよう! 37
P.231

❶ リスト内の任意のセルをクリックします。
❷ [データ] タブの [並べ替え] ボタンをクリックし、[並べ替え] ダイアログボックスで、[最優先されるキー] の をクリックして、「面接」を選択します。
　(前のデータの並べ替え処理が残っている場合は、それらの処理 (最優先キーなど) をクリックして選択状態にし、[レベルの削除] ボタンをクリックして、クリアにしてから❷の作業を行ってください。)
❸ [順序] は [降順] を選択します。
❹ [レベルの追加] ボタンをクリックします。
❺ [次に優先されるキー] の をクリックして、「フリガナ」を選択、[順序] は [昇順] を選択します。
❻ [OK] ボタンをクリックします。

やってみよう! 38
P.236

❶ リスト内の任意のセルをクリックします。
❷ [データ] タブの [フィルター] ボタンをクリックすると、すべての列ラベルに が表示されます。
❸ 「技術知識」の をクリックして、[数値フィルター] の [ユーザー設定フィルター] を選択します。
❹ [オートフィルターオプション] ダイアログボックスで、[70]、[以上] を設定し、[OK] ボタンをクリックします。
❺ さらに、並べ替えをするフィールド、「技術知識」の任意のセルをクリックし、[降順] ボタン をクリックします。

やってみよう! 39
P.236

オートフィルターが設定されている状態から解説します。
❶ 「一般常識」の をクリックして、[数値フィルター] の [ユーザー設定フィルター] を選

択します。
❷ [オートフィルターオプション]ダイアログボックスで、[80]、[以上]を設定し、[OK]ボタンをクリックします。
❸ 続いて、「面接」のをクリックして、同様に、[オートフィルターオプション]ダイアログボックスで、[80]、[以上]を設定し、[OK]ボタンをクリックします。

やってみよう！ 40
P.241
やってみよう40.xlsx

❶ 項目名も含めてデータを範囲設定し、[データ]タブの[予測シート]ボタンをクリックします。
❷ 予測分析のグラフのイメージが表示されるので、左下の[オプション]をクリックします。
❸ [オプション]の[信頼区間]の数値を[75%]にします。
❹ 右上の[縦棒グラフの作成]ボタンをクリックします。
❺ [作成]ボタンをクリックします。
❻ 新規シート「Sheet2」に予測値を含む表とグラフが作成されます。

やってみよう！ 41
P.246
やってみよう41.xlsx

❶ [データ]タブの[データ分析]を選択します。
❷ [相関]を選択します。
❸ [OK]ボタンをクリックします。
❹ [入力元]の[入力範囲]のボタンをクリックします。
❺ 相関で使用するデータをドラッグして範囲指定します。
❻ ボタンをクリックして前のメニューに戻ります。
❼ [出力オプション]の[出力先]を選択します。
❽ ボタンをクリックします。
❾ 出力する相関表の位置(左上)を指定します。
❿ ボタンをクリックして前のメニューに戻ります。
⓫ [OK]ボタンをクリックします。
⓬ それぞれの相関が求められます。
⓭ 表の項目名を入れ替えます。

やってみよう！ 42
P.246,247
やってみよう42.xlsx

「周囲人口」と「競合店の数」と「売上高」のそれぞれの相関はどれもかなり強い正の相関が見られます。特に、「売上高」との相関に着目してみると、「周囲人口」が「売上高」に大きく影響することがわかります。また、「競合店の数」も「周囲人口」ほどではないが、影響があることがわかります。

PART 4　PowerPoint 2016をマスターしよう

やってみよう！ 43
P.256

❶ [ファイル]タブをクリックし、[名前を付けて保存]を選択します。
❷ [OneDrive]をクリックします。
❸ [OneDrive - 個人用]をクリックします。
❹ [ドキュメント]をクリックして、保存場所を指定します。
❺ ファイル名を入力し、[保存]ボタンをクリックします。

やってみよう! 44
P.256

❶ USBメモリをパソコンに差し込みます。
❷ [ファイル]タブをクリックし、[名前を付けて保存]を選択します。
❸ [参照]をクリックします。
❹ [リムーバブルディスク]を示すアイコンをクリックします。
❺ 保存場所を指定し、ファイル名を入力します。
❻ [保存]ボタンをクリックします。

やってみよう! 45
P.260
やってみよう45-47.pptx

❶ [デザイン]タブの[テーマ]から[ギャラリー]のデザインを選択します。
❷ すべてのスライドのデザインが変更されます。

やってみよう! 46
P.261
やってみよう45-47.pptx

❶ [デザイン]タブの[バリエーション]グループの右下隅の⤵をクリックして、[配色]を選択します。
❷ [配色]の一覧表のデザインにマウスポインターを合わせます。
❸ そのデザインがプレビュー表示されます。
❹ 目的のデザイン(ここでは[マーキー])上でクリックすると、すべてのスライドに選択したデザインが適用されます。

やってみよう! 47
P.261
やってみよう45-47.pptx

❶ [デザイン]タブの[バリエーション]グループの右下隅の⤵をクリックして、[フォント]を選択します。
❷ [フォント]の一覧表のデザインにマウスポインターを合わせます。
❸ そのフォントがプレビュー表示されます。
❹ 目的のフォント(ここでは[メイリオ])上でクリックすると、すべてのスライドに選択したフォントが適用されます。

やってみよう! 48
P.264
やってみよう48-50.pptx

❶ 2枚目のスライドを選択します。
❷ 行間の幅を変更する文字列を選択(テキストボックスの枠をクリック)します。
❸ [行間]ボタン≡をクリックして、[行間のオプション]を選択します。
❹ 行間を[固定値]、間隔を[32pt]にします。
❺ 3ページ目も❷～❹の操作を繰り返し、行間を[固定値]、間隔を[32pt]にします。

やってみよう! 49
やってみよう48-50.pptx

❶ 画面左側のスライドサムネイルの4ページ目スライドをドラッグして3ページ目の前に持っていきます。

やってみよう! 50
やってみよう48-50.pptx

❶ 1枚目のスライドを選択し[ホーム]タブの[コピー]ボタンをクリックします。
❷ 5枚目のスライドの下をクリックし、[ホーム]タブの[貼り付け]ボタンをクリックします。

やってみよう! 51
P.269
やってみよう51-52.pptx

❶ 3ページ目のスライドを選択して、Smart Artを選択状態にします。
❷ [デザイン]タブの[レイアウト一覧]の⤵をクリックし、[その他のレイアウト]を選択します。
❸ [Smart Artグラフィックの選択]ダイアログボックスから、[リスト]をクリックし、[カード型リスト]を選択して、[OK]ボタンをクリックします。
❹ Smart Artがカード型リストに変換されます。

解答編

❺ [色の変更]ボタンの[▼]をクリックし、目的の色デザイン(ここでは[グラデーション-アクセント2])を選択します。
❻ Smart Artの色が変更されます。

やってみよう! 52
P.269
やってみよう51-52.pptx

❶ [色の変更]ボタンの[▼]をクリックし、目的の色デザイン(ここでは[グラデーション-アクセント1])を選択します。
❷ Smart Artの色が変更されます。

やってみよう! 53
P.273
やってみよう51-52.pptx

❶ 元の画像を削除し、[挿入]タブの[オンライン画像]をクリックします。
❷ [Bingイメージ検索]の検索ボックスに、[和食 フリー素材]で、[すべてのWeb検索結果を表示]をクリックします。(ここでは、オンライン画像を貼り付けます。)
❸ 適当な素材を探し、その素材をクリックし、[挿入]ボタンをクリックします。
❹ スライドに目的の画像が貼り付けられるので、サイズと位置を調整します。

やってみよう! 54
P.276
やってみよう53-54.pptx

❶ 「訪日外客数の動向」をドラッグし、[挿入]タブの[ハイパーリンク]ボタンをクリックします。
❷ [ハイパーリンクの編集]ダイアログボックスで[ファイル、Webページ]ボタンを選択します。
❸ [アドレス]にリンクするWebページのアドレスをコピーして貼り付け、[OK]ボタンをクリックします。(ここでは「http://www.jnto.go.jp/jpn/reference/tourism_data/visitor_trends/」)
❹ 同様に、「外国人に人気の観光スポット」も「アドレス」にリンクするWebページのアドレスをコピーして貼り付け、[OK]ボタンをクリックします。(ここでは「http://tg.tripadvisor.jp/news/ranking/inboundattraction_2015/」)

やってみよう! 55
P.285

❶ ビデオを選択状態にします。
❷ [ビデオツール]の[再生]タブにある[全画面再生]にチェックを付けます。
❸ スライドショーを実行して、[再生]ボタンをクリックすると、全画面で再生されます。

やってみよう! 56

❶ ビデオを選択状態にします。
❷ [再生]タブの[音量]の[▼]をクリックし、音量を[小、中、大]から選択します。
または、
❶ ビデオを再生します。
❷ ビデオフレームの右下の ボタンをクリックして、音量ボリュームを調整します。

やってみよう! 57
P.289
やってみよう57-59.pptx

❶ スライドを選択し、[画面切り替え]タブの をクリックして、画面切り替え効果の一覧から[キューブ]を選択します。
❷ [すべてに適用]ボタンをクリックします。

やってみよう! 58
P.291
やってみよう57-59.pptx

❶ 1ページ目のスライドを選択します。
❷ [プレミアムジャパン]のテキストボックスを選択します。
❸ [アニメーション]タブの[タイミング]グループにある[遅延]を[00.75]に設定します。
❹ プレビューを実行して、アニメーションのタイミングを確認します。
❺ プレビューを実行して、アニメーションのタイミングを確認します。

やってみよう！59
P.291,292
やってみよう57-59.pptx

本文の「2　オブジェクトごとにアニメーションを設定する」(291ページ)と「3 アニメーションのタイミングを設定する」(292ページ)を参考に、各自自由にアニメーション設定してください。

やってみよう！60
P.296

❶ [ファイル]タブをクリックして、[印刷]を選択します。
❷ [フルページサイズのスライド]の[▼]をクリックします。
❸ [配布資料]の一覧から[6スライド]を選択します。
❹ 印刷プレビュー画面に[6スライド]が表示されます。
❺ [印刷]ボタンをクリックします。

やってみよう！61
P.298

❶ [ファイル]タブをクリックして、[印刷]を選択します。
❷ [フルページサイズのスライド]の[▼]をクリックし、[配布資料]の[2スライド]を選択します。
❸ [ファイル]タブの[エクスポート]を選択します。
❹ [PDF/XPSドキュメントの作成]を選択して、[PDF/XPSの作成]をクリックします。
❺ [保存場所]を指定し、[ファイル名]を入力します。
❻ [発行]ボタンをクリックします。

やってみよう！62
P.304

❶ スライドショー実行中のスライドの左下の☐ボタンをクリックします。
❷ [ペン]を選択します。
❸ 目的箇所をペンでマーキングします。

やってみよう！63
P.304

❶ [スライドショー]タブの[スライドショーの設定]ボタンをクリックし、[スライドショーの設定]ダイアログボックスを表示します。
❷ [レーザーポインターの色]の[▼]をクリックして、[緑]を選択します。
❸ [OK]ボタンをクリックします。
❹ スライドショー実行中のスライドの左下の☐ボタンをクリックします。
❺ [レーザーポインター]を選択します。
❻ マウスポインターが緑色のレーザーポインターに変更されます。

やってみよう！64
P.313

❶ PowerPointアイコンを起動して、プレゼンテーションファイルを開きます。
❷ 画面右上の▶をタップします。
❸ スライドショーが実行されます。
❹ スワイプをしてスライドを展開していきます。
❺ スライドの画面上でタッチ状態を続けると、レーザーポインター表示することができます。

やってみよう！65
P.316

❶ PowerPointアイコンを起動して、プレゼンテーションファイルを開きます。
❷ 画面上部に表示されている☐をタップすると、共有作業のメニューが表示されます。
❸ [ユーザーの招待]を選択します。
❹ 名前またはメールアドレスを入力します。
❺ 編集可能のオン、オフを設定します。
❻ [送信]ボタンをタップします。
❼ 招待したユーザーに招待状が送られます。

▶ 索 引

PART 1 ▶ Windows10をマスターしよう

英数字

- Cortana ・・・・・・・・・・・・・ 14
- Microsoft Edge・・・・・・ 14,24
- Microsoftアカウント・・・・ 37
- OneDrive ・・・・・・・・・・・・・ 37
- UWP ・・・・・・・・・・・・・・・・・ 15
- [Web作成ノート]ボタン ・・ 25
- Zip形式 ・・・・・・・・・・・・・・ 36

ア行

- アクションセンター・・・・ 13,19
- 新しいフォルダーの作成 ・・ 34
- 圧縮・・・・・・・・・・・・・・・・・・・ 36
- オンラインストレージ・・・・ 38

カ行

- 回転・・・・・・・・・・・・・・・・・・・ 17
- 拡張子・・・・・・・・・・・・・・・・・ 35
- 仮想デスクトップ・・・・・・ 13,27
- 共有・・・・・・・・・・・・・・・・・・・ 42
- 検索・・・・・・・・・・・・・・・・・・・ 21
- 検索ボックス・・・・・・・・・・・ 21
- コルタナ・・・・・・・・・・・・・・・ 14
- コントロールパネル・・・・・・ 19

サ行

- サインイン・・・・・・・・・・・・・ 37
- ショートカット・・・・・・・・・ 30
- スタート画面・・・・・・・・・ 12,18
- スタートボタン・・・・・・・ 12,18
- スタートメニュー・・・・・・ 12,18
- ストレッチ・・・・・・・・・・・・・ 17
- すべてのアプリ・・・・・・・・・ 18
- [すべての設定] ボタン ・・ 19
- スライド・・・・・・・・・・・・・・・ 16
- スワイプ・・・・・・・・・・・・・・・ 16

タ行

- タスクバー・・・・・・・・・・・・・ 31
- タスクビュー・・・・・・・・・・・ 27
- タッチインターフェース・・ 16
- タップ・・・・・・・・・・・・・・・・・ 16
- ダブルタップ・・・・・・・・・・・ 16
- タブレットモード・・・・・・・ 20
- デスクトップモード・・・・・ 20
- 展開・・・・・・・・・・・・・・・・・・・ 36
- 同期・・・・・・・・・・・・・・・・・・・ 38

ナ～ハ行

- 名前の変更・・・・・・・・・・・・・ 33
- パーソナル設定・・・・・・・・・ 19
- ピンチ・・・・・・・・・・・・・・・・・ 17
- ピンチアウト・・・・・・・・・・・ 17
- ピンチイン・・・・・・・・・・・・・ 17
- ピン留め・・・・・・・・・・・・・・・ 31

ヤ～ワ行

- ユニバーサルWindowsアプリ ・・・・・・・・・・・・・・・・・・・ 15
- 読み取りビュー・・・・・・・・・ 26
- ロングタップ・・・・・・・・・・・ 17

PART 2 ▶ Word2016をマスターしよう

英数字

- Officeテーマ ・・・・・・・・・ 54
- OneDrive ・・・・・・・・・・・・ 53
- PDF(Portable Document Format) ・・・・・・・・・・・・ 52
- PDF形式 ・・・・・・・・・・・・・ 52
- Smart Art ・・・・・・・・・・・ 89
- [Smart Art]ボタン ・・・・ 89
- Word 2016 ・・・・・・・・・・ 44

- [100%]ボタン ・・・・・・・・ 50

ア行

- アート効果・・・・・・・・・・・・・ 99
- [アート効果]ボタン ・・・・・ 99
- あいさつ文・・・・・・・・・・・・ 153
- [あいさつ文]ボタン ・・・・ 153
- 明るさ／コントラスト・・・・ 97
- [新しい文字列の幅] ・・・・・ 107
- [宛名ラベル作成]
  ダイアログボックス・・・・ 157
- 網かけ・・・・・・・・・・・・・・ 66,81
- [網かけ]タブ ・・・・・・・・・・ 82
- [色の設定]画面 ・・・・・・・・ 62
- [色の変更]ボタン ・・・・・・ 92
- [色]ボタン ・・・・・・・・・・・・ 98
- [印刷]ボタン ・・・・・・・・・・ 77
- 印刷の詳細設定・・・・・・・・・ 78
- [印刷の向き] ボタン・・・・ 102
- [印刷部数] ・・・・・・・・・・・・ 77
- 印刷プレビュー・・・・・・・・・ 76
- 上罫線・・・・・・・・・・・・・・・・・ 83
- 上付き・・・・・・・・・・・・・・・・・ 67
- ウォッシュアウト・・・・ 98,154
- 上書き保存・・・・・・・・・・・・・ 51
- [オブジェクトのグループ化] ボタン ・・・・・・・・・・・・ 118

カ行

- [拡張書式]ボタン ・・ 108,136
- 影 ・・・・・・・・・・・・・・・・・・・・ 70
- 囲い文字・・・・・・・・・・・・・・・ 67
- 箇条書き・・・・・・・・・・・・・・・ 68
- [箇条書き]ボタン ・・・・・・・ 68
- 下線・・・・・・・・・・・・・・・・・・・ 65
- [下線]ボタン ・・・・・・・・・・ 65
- [下線の色] ・・・・・・・・・・・・ 65
- 画像サイズの変更・・・・・・・ 95
- [画像]ボタン ・・・・・・・・・・ 94
- 画像を挿入・・・・・・・・・・・・・ 94

索引

画像をトリミング‥‥‥‥ 96
間隔‥‥‥‥‥‥‥‥‥‥ 73
行間‥‥‥‥‥‥‥‥‥‥ 72
[行間のオプション]‥‥‥ 73
[行数だけを指定する]‥‥138
行頭文字‥‥‥‥‥‥‥‥ 68
[行と段落の間隔]ボタン
　‥‥‥‥‥‥‥‥‥72,73
[行内]‥‥‥‥‥‥‥‥‥104
行を挿入‥‥‥‥‥‥‥‥145
均等割り付け‥‥‥‥‥‥107
[均等割り付け]ボタン‥‥107
クイックアクセスツールバー
　‥‥‥‥‥‥‥‥‥‥‥ 47
グラデーション‥‥‥‥‥113
[グラデーションの分岐点]
　‥‥‥‥‥‥‥‥‥‥‥114
グループ‥‥‥‥‥‥‥‥ 47
蛍光ペンの色‥‥‥‥‥‥ 67
罫線‥‥‥‥‥‥‥‥‥‥ 81
[罫線]ボタン‥‥‥‥‥‥ 81
[結語]‥‥‥‥‥‥‥‥‥153
光彩‥‥‥‥‥‥‥‥‥‥ 71
固定値‥‥‥‥‥‥‥‥‥ 73

サ行

最小値‥‥‥‥‥‥‥‥‥ 73
[サイズ]ボタン‥‥‥‥‥152
[差し込み文書]タブ
　‥‥‥‥‥‥‥‥153,157
下罫線‥‥‥‥‥‥‥‥‥ 83
下付き‥‥‥‥‥‥‥‥‥ 67
斜体‥‥‥‥‥‥‥‥‥‥ 63
[斜体]ボタン‥‥‥‥‥‥ 63
[修整]ボタン‥‥‥‥‥‥ 97
[使用できるウィンドウ]‥121
[書式]タブ‥‥‥‥‥‥‥ 95
ショートカット‥‥‥‥‥ 45
ズーム‥‥‥‥‥‥‥‥‥ 50
[ズーム]ダイアログボックス
　‥‥‥‥‥‥‥‥‥‥‥ 50
ズームスライダー‥‥47,50

スクリーンショット‥‥‥120
[図形]ボタン
　‥‥‥‥‥‥109,111,113
[図形の書式設定]‥‥‥‥112
[図形のスタイル]‥‥‥‥119
[図形の追加]ボタン‥‥‥ 90
[図形の塗りつぶし]ボタン
　‥‥‥‥‥‥‥‥‥‥‥106
[図形の枠線]ボタン
　‥‥‥‥‥‥‥87,106,110
図形をグループ化‥‥‥‥118
[図の挿入]画面‥‥‥‥‥ 94
ステータスバー‥‥‥‥‥ 47
セル内の文字列の配置‥‥144
[セルの結合]ボタン‥‥‥147
セルの高さ‥‥‥‥‥‥‥143
セルの幅‥‥‥‥‥‥‥‥143
[セルの分割]ボタン‥‥‥146
セルを結合‥‥‥‥‥‥‥147
セルを分割‥‥‥‥‥‥‥146
[線種とページ罫線と
　網かけの設定]‥‥‥‥ 81
[線なし]‥‥‥‥‥‥‥‥106
[線のスタイル]‥‥‥‥‥112
[前面]‥‥‥‥‥95,104,149
[前面へ移動]ボタン‥‥‥114
[挿入]タブ‥‥‥86,89,104
[その他の色]‥‥‥‥‥‥ 62
[その他の線]‥‥‥‥‥‥112

タ行

タイトルバー‥‥‥‥‥‥ 47
タッチ／マウスモードの
　切り替え‥‥‥‥‥‥‥ 49
タッチモード‥‥‥‥‥‥ 49
縦書き2段組み‥‥‥‥‥133
[縦中横]‥‥‥‥‥‥‥‥136
タブ‥‥‥‥‥‥‥‥‥‥ 47
段組み‥‥‥‥‥‥127,134
[段組み]ボタン‥‥‥‥‥127
[段組みの詳細設定]‥‥‥128
段の幅‥‥‥‥‥‥‥‥‥128

[段の幅をすべて同じにする]
　‥‥‥‥‥‥‥‥‥‥‥128
段落の前後‥‥‥‥‥‥‥ 72
段落番号‥‥‥‥‥‥‥‥ 69
[段落番号]ボタン‥‥‥‥ 69
[中央揃え]ボタン‥‥‥‥ 64
[テキストウィンドウ]ボタン
　‥‥‥‥‥‥‥‥‥‥‥ 90
[テキストの背面へ移動]
　‥‥‥‥‥‥‥‥‥‥‥114
テキストボックス
　‥‥‥‥‥‥‥86,104,148
[テキストボックス]ボタン
　‥‥‥‥‥‥‥86,104,148
テキストボックスの移動‥ 87
テキストボックスの回転‥ 87
テキストボックスの
　拡大／縮小‥‥‥‥‥‥ 87
テキストボックスの
　テンプレート‥‥‥‥‥ 87
テキストボックス編集
　モード‥‥‥‥‥‥‥‥ 86
テクスチャライザー‥‥‥ 99
[デザイン]タブ‥‥‥‥‥ 90
テンプレート一覧‥‥‥‥ 45
[頭語]‥‥‥‥‥‥‥‥‥153
取り消し線‥‥‥‥‥‥‥ 67
[トリミング]ボタン‥‥‥ 96
ドロップキャップ‥‥‥‥135
[ドロップキャップの
　オプション]‥‥‥‥‥135
[ドロップキャップの追加]
　ボタン‥‥‥‥‥‥‥‥135
[ドロップする行数]‥‥‥135

ナ〜ハ行

名前を付けて保存‥‥‥‥ 51
塗りつぶし‥‥‥‥‥‥‥106
[塗りつぶしなし]‥‥‥‥106
[背景の色]‥‥‥‥‥‥‥ 82
ハイパーリンク‥‥‥‥‥ 74
[背面へ移動]ボタン‥‥‥114

INDEX

はがきサイズ･･････････152
白紙の文書･･･････････45,46
番号ライブラリ･･･････････69
[左揃え]ボタン･････････64
[表]ボタン･･･････････142
表示選択ショートカット･･47
表示倍率････････････････50
[標準]タブ･････････････62
表を作成･･･････････････142
[ファイル]タブ･････････47
フィルム粒子･･･････････99
[フォント]グループ････57,67
[フォント]ダイアログボックス
　　　････････････････67
[フォント]ボタン･･････････59
フォントカラー･･･････････61
フォントサイズ･･･････････57
[フォントサイズ]ボタン････57
フォントスタイル･･･････63
[フォントの色]ボタン････61
[フォントの拡大]ボタン･･58
[フォントの縮小]ボタン･･58
フチなし全面印刷･････140
フッター･･･････････････130
[フッター]ボタン･････････130
太字････････････････････63
[太字]ボタン･･･････････63
ページ番号･･･････････130
ページレイアウト･････48
ヘッダー･･･････････････129
[ヘッダー]ボタン･･･････129
[ヘッダーの編集]･････129
ぼかし･･･････････････99
[本文内に表示]･･････135

マ行

[右揃え]ボタン･････････64
名刺･････････････････156
[文字数と行数]タブ････138
[文字数と行数の指定]････138
[文字の網かけ]ボタン････66
文字の折り返し･････････95

[文字の効果と体裁]ボタン
　　　････････････70,71
文字編集モード･･･････86
[文字列の折り返し]ボタン
　　　･････････95,104,149
[文字列の方向]ボタン････133
文字列の配置･････････64

ヤ行

[ユーザー設定]タブ･････62
[ユーザー設定の余白]
　　　･･･････････84,138
用紙サイズ･････････48
余白････････････････84
[余白]タブ･･･････84,138
[余白]ボタン････48,84,152

ラ～ワ行

[ラベルオプション]
　　ダイアログボックス ･･157
[文字列の方向]ボタン･･･133
リボン････････････････47
[両端揃え（上）]･･････144
[両端揃え（中央）]･････144
[両端揃え]ボタン･････64
ルビ････････････････67
[レイアウト]タブ････48,102
[レイアウトオプション]ボタン
　　　････････････････95
列を挿入･･･････････146
[レベル上げ]ボタン･･･91
枠線････････････････106
割注･･･････････････108

PART 3 ▶ **Excel2016をマスターしよう**

英数字

Excel 2016 ･･･････163
IF関数･････････････204

OneDrive･･･････････171
SUM関数･････････････196

ア行

[値の貼り付け]･･･････187
アドイン･････････････245
印刷の向きを設定･････191
[印刷範囲のクリア]･････228
[印刷範囲の設定]･････228
印刷プレビュー･･･････190
上書き保存･･･････････171
[おすすめグラフ]ボタン･･214
オートSUM･･･････････196
オートカルク･･･････････209
オートフィル･････････174
オートフィルター･･･････236
[オートフィルターオプション]
　　ダイアログボックス････238

カ行

関数･････････････････198
[関数の挿入]
　　ダイアログボックス ･･204
[関数の引数]
　　ダイアログボックス ･･205
[行の高さ]･･･････････168
[行の高さ]
　　ダイアログボックス ･･168
クイックアクセスツールバー
　　　･･････････････165
[クイック分析]ボタン････215
[空白のブック]･････････163
グラフ･･･････････････214
[グラフ]グループ･･････214
[グラフスタイル]ボタン･･223
グラフの作業ウィンドウ･･221
[グラフの種類の変更]
　　ダイアログボックス ･･216
[グラフの種類の変更]ボタン
　　　･･････････････216
[グラフ要素]ボタン･････222
グループ･････････････165

333

索引

計算式 195
[罫線]ボタン 181
罫線に色を付ける 184
[検索と選択]ボタン 235
格子 181
降順 231
[降順]ボタン 232
[コピー]ボタン 188

サ行

最小値 201
最大値 201
[最優先されるキー] 232
[削除]ボタン 176
算術演算子 194
参照方法の切り替え 211
[軸のオプション]タブ .. 221
下二重罫線 182
[指定の値より大きい]
　ダイアログボックス .. 203
自動番号入力 230
[集合縦棒] 216
[条件付き書式]ボタン .. 203
昇順 231
[昇順]ボタン 232
信頼区間 241
数式 194
数式バー 206
[数値]グループ 169
ズームスライダー 165
ステータスバー 165
[図としてコピー] 188
[図のコピー]
　ダイアログボックス .. 188
[すべてのグラフ]タブ .. 218
絶対参照 210
セル参照 194
セルに色を付ける 185
[セル結合の解除] 178
セルのスタイル 185
[セルのスタイル]ボタン 185
セルの高さ 168

セルの幅 167
セルを結合 177
[セルを結合して中央揃え]
　ボタン 177
セルを挿入 176
[選択対象の書式設定]ボタン
　 221
相関 246
相関係数 247
相対参照 210
[挿入]ボタン 176
[その他の関数] 204

タ行

タイトルバー 165
[縦棒] 216
タブ 165
[次に優先されるキー] .. 232
[次の値より大きいセルを
　書式設定] 203
[次を検索]ボタン 235
データの置換 235
データベース 230
テンプレート一覧 163
[トップテン] 237

ナ〜ハ行

名前を付けて保存 171
並べ替え 231
[並べ替え]ボタン 232
[塗りつぶしの色]ボタン 185
[パターンの色] 186
[パターンの種類] 186
[貼り付け]ボタン 187
日付 170
[表示形式]タブ 169
[表示単位のラベルをグラフに
　表示する] 221
[表示単位ラベルの
　書式設定]ウィンドウ .. 221
[ファイル]タブ 165
[フィルター]ボタン 236

フィールド 230
フィールド名 230
複合グラフ 218
複合参照 210
太い外枠 182
[太字]ボタン 175
不等号記号 204
分析グラフ 242
分析ツール 245
平均値 200

マ〜ワ行

文字列の配置 175
[ユーザー設定フィルター]
　 238
予測シート 241
[予測シート]ボタン 241
[余白の表示]ボタン 191
余白を設定する 191
リボン 165
[ルールのクリア] 203
レコード 230
[列の幅] 167
[列幅]ダイアログボックス 167
連続したデータ 174
ワイルドカード 235

PART 4 ▶ PowerPoint2016をマスターしよう

英数字

OneDrive 314
PDF(Portable Document
　Format) 298
PDF形式 298
PowerPoint 2016 251
Smart Art 268
[Smart Artグラフィックの選択]
　ダイアログボックス .. 268

INDEX

[Smart Artに変換]
　ボタン ･････････ 268
Webページに
　リンクする ･･････ 278

ア行

[新しいスライド] ･･････ 255
[新しいプレゼンテーション]
　　　･････････････ 251
[アニメーション一覧ボックス]
　　　･････････････ 291
アニメーション効果･･････ 289
[アニメーション]タブ ･･･ 291
[アニメーションの追加]ボタン
　　　･････････････ 291
[色の変更]ボタン ･･････ 269
印刷レイアウト･･･････ 297
上書き保存･･･････････ 256
[オブジェクトの動作確認]
　ダイアログボックス ･･ 276
オンラインビデオ･･････ 284
オンラインプレゼンテーション
　　　･････････････ 309
[オンラインプレゼンテーション
　の終了]ボタン ･････ 312
[オンラインプレゼンテーション]
　ボタン ････････ 309

カ行

[開始効果の変更]
　ダイアログボックス ･･ 291
[画像]ボタン ･･･････ 273
画像を貼り付け･･･････ 273
[画面切り替え]タブ ･･･ 289
画面切り替え効果･･････ 289
[行間]ボタン ･･･････ 264
[行間のオプション] ･･･ 264
行間の幅････････････ 264
クイックアクセスツールバー
　　　･････････････ 253
[現在のスライドから]ボタン
　　　･････････････ 276

[コピー]ボタン･･･････ 275

サ行

[再生]ボタン ･･･････ 285
サムネイル････････ 265
サムネイルウィンドウ･･･ 253
[招待の送信]ボタン ････ 311
ショートカット･･･････ 251
ズームスライダー･･････ 253
[図形に変換]･･･････ 270
[図形]ボタン ･･････ 273
ステータスバー･･･････ 253
図に変換して貼り付ける･･ 275
スピーカービュー･･････ 306
[すべてに適用]ボタン ･･ 290
スマートフォンで
　プレゼンテーション ･･ 313
スライド･････････ 254
[スライド一覧]ボタン ･･ 265
スライド一覧モード･････ 265
[スライド一覧を表示]ボタン
　　　･････････････ 303
スライドウィンドウ･･････ 253
[スライド拡大]ボタン ･･ 301
スライドサイズ･･･････ 255
[スライドショー]タブ･･ 279
[スライドショー]ボタン･･ 279
スライドの追加･･･････ 255
スライドの配色を変更･･･ 261
スライドのフォントを変更
　　　･････････････ 261
スライドの保存･･･････ 256
スライドを印刷･･･････ 296
全画面で再生する･･････ 285
[選択したスライドに適用]
　　　･････････････ 260
[その他のSmart Art
　グラフィック] ･･････ 268
[その他の開始効果] ････ 291

タ行

タイトルバー･･･････ 253

[タイミング]グループ ･･ 292
[縦方向リスト] ･･････ 268
タブ･････････････ 253
[段落]ダイアログボックス 264
[テーマ]グループ ････ 259
[デザイン]タブ ･･････ 259

ナ～ハ行

名前を付けて保存･･････ 256
[ハイパーリンク]ボタン ･･ 278
[ハイパーリンクの挿入]
　ダイアログボックス･･ 278
ハイパーリンクを貼り付ける
　　　･････････････ 276
配布資料･････････ 297
発表者ツール･･･････ 305
[バリエーション]グループ
　　　･････････････ 261
[貼り付け]ボタン ･･････ 275
ビデオの再生･････････ 285
[ビデオの挿入]
　ダイアログボックス･･ 284
ビデオの表紙画面を挿入する
　　　･････････････ 286
[ビデオ]ボタン ･･････ 283
ビデオを挿入･･････ 283
[表紙画像]ボタン ･･････ 286
表示モード切り替えボタン
　　　･････････････ 253
[標準]表示モード･･････ 265
プレースホルダー･･････ 254
プレゼンテーション
　　　･････････ 254,300
[プレビュー]ボタン ････ 290
[ペンを利用]ボタン ････ 304
[変換]ボタン ･･････ 270

マ～ラ行

[メディアの圧縮]ボタン ･･ 310
[メディアの最適化] ･････ 310
リボン･････････････ 253
レーザーポインター･････ 304

335

著者プロフィール

定平　誠（さだひら　まこと）

1959年東京生まれ　工学博士
現在、尚美学園大学　大学院　芸術情報研究科　情報表現専攻　教授
（有）オフィス サダヒラ 代表取締役
　　URL：http://sadahira.jp

大学院では、メディアコミュニケーション論、ネットワークビジネス応用研究を担当。研究室では委託事業や委託研究を通じてPBL（Project-Based Learning）教育を実施。フィールドワーク活動を通じて現場のスタッフと協同作業を行うことで、学生の自発的な学習を促し実践かつ創造性のある教育を行っている。また、情報関連書籍の執筆活動のほか、動画を中心としたウェブプロモーション、ウェブコンテンツや電子書籍の企画・制作を行っている。

主な書籍：
「基本情報処理　合格教本」、「図解チャート よくわかる実習「情報」」、「Word/Excel/PowerPoint 標準テキスト」、「Word Excel PowerPoint ステップアップラーニング」、「親子で楽しむ9歳からのインターネット」、「お客様を引き寄せるPOPデザインの作り方」など多数

カバー・本文デザイン●釣巻デザイン室
カバーイラスト●藤井アキヒト
本文DTP●技術評論社 制作部

例題35＋演習問題65でしっかり学ぶ
Word/Excel/PowerPoint 標準テキスト
Windows10/Office 2016対応版

2016年　6月　1日　初版　第1刷発行
2019年　6月　8日　初版　第3刷発行

著　者　　定平 誠
発行者　　片岡 巌
発行所　　株式会社　技術評論社
　　　　　東京都新宿区市谷左内町21-13
　　　　　電話　03-3513-6150　販売促進部
　　　　　　　　03-3513-6166　書籍編集部
　　　　　URL　https://gihyo.jp
印刷・製本　株式会社加藤文明社

定価はカバーに表示してあります。

本書の一部または全部を著作権法の定める範囲を超え、無断で複写、複製、転載あるいはファイルに落とすことを禁じます。

©2016　有限会社　オフィスサダヒラ

造本には細心の注意を払っておりますが、万一、乱丁（ページの乱れ）、落丁（ページの抜け）がございましたら、小社販売促進部までお送りください。送料小社負担にてお取替えいたします。

ISBN978-4-7741-8123-3　C3055
Printed in Japan

サンプルファイルのダウンロードについて

例題および演習問題のサンプルファイルを、小社Webサイトの本書紹介ページの「サポートページ」からダウンロードできるようになっています。

https://gihyo.jp/book/2016/978-4-7741-8123-3/support

ダウンロード以外の方法では、サンプルファイルの提供は行っておりません。また例題および演習問題によっては、サンプルファイルがないものもあります。

お問い合わせについて

本書に関するご質問は、記載されている内容に関するもののみとさせていただきます。パソコン、Windows、Office製品の不具合など、本書記載の内容と関係のないご質問には、いっさいお答えできません。あらかじめご了承ください。

小社では、電話でのご質問は受け付けておりません。お手数ですが、小社Webサイトのお問い合わせ用フォームからお送りいただくか、FAXか書面にて下記までお送りください。

ご質問の際には、書名と該当ページ、メールアドレスやFAX番号などの返信先を必ず明記してください。

サンプルファイルに関して、各種変更などのカスタマイズは、必ずご自身で行ってください。小社および著者はいっさい代行致しません。また、カスタマイズに関するご質問にもお答えできませんので、あらかじめご了承ください。

お送りいただいたご質問には、できる限り迅速にお答えできるように努力しておりますが、場合によっては時間がかかることがあります。

◆問い合わせ先
宛先　〒162-0846
　　　東京都新宿区市谷左内町21-13
　　　株式会社技術評論社　書籍編集部
　　　『Word/Excel/PowerPoint標準テキスト2016対応版』係
FAX　03-3513-6183
Web　https://gihyo.jp/book

※なお、ご質問の際に記載いただきました個人情報は、本書の企画以外での目的には使用いたしません。参照後は速やかに削除させていただきます。